王雲路注譯

新譯司馬法

三民書局印行

基於這樣的想法，本局自草創以來，即懷著注譯傳統重要典籍的理想，由第一部的四書做起，希望藉由文字障礙的掃除，幫助有心的讀者，打開禁錮於古老話語中的豐沛寶藏。我們工作的原則是「兼取諸家，直注明解」。一方面熔鑄眾說，擇善而從；一方面也力求明白可喻，達到學術普及化的要求。叢書自陸續出刊以來，頗受各界的喜愛，使我們得到很大的鼓勵，也有信心繼續推廣這項工作。隨著海峽兩岸的交流，我們注譯的成員，也由臺灣各大學的教授，擴及大陸各有專長的學者。陣容的充實，使我們有更多的資源，整理更多樣化的古籍。兼採經、史、子、集四部的要典，重拾對通才器識的重視，將是我們進一步工作的目標。

古籍的注譯，固然是一件繁難的工作，但其實也只是整個工作的開端而已，最後的完成與意義的賦予，全賴讀者的閱讀與自得自證。我們期望這項工作能有助於為世界文化的未來匯流，注入一股源頭活水；也希望各界博雅君子不吝指正，讓我們的步伐能夠更堅穩地走下去。

新譯司馬法 目次

卷下

附錄

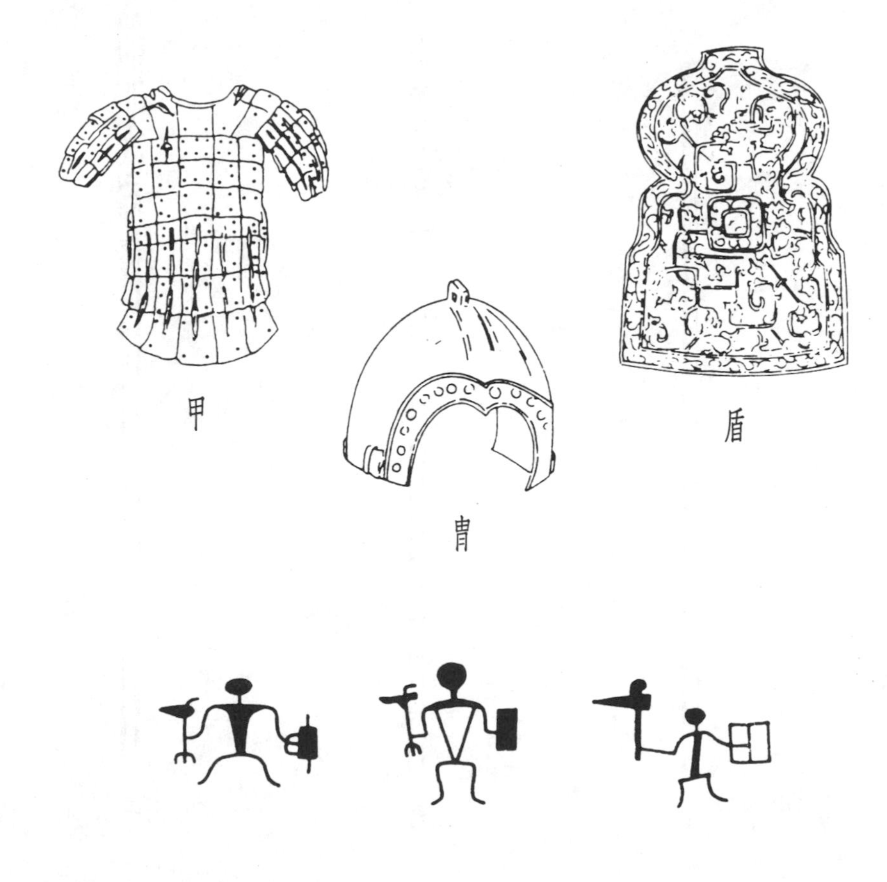

圖一　東周戰士防護具：甲、胄、盾
圖中的盾呈雙弧形，是依人體輪廓而設計。
圖下是金文中左手持盾，右手持戈的圖形。

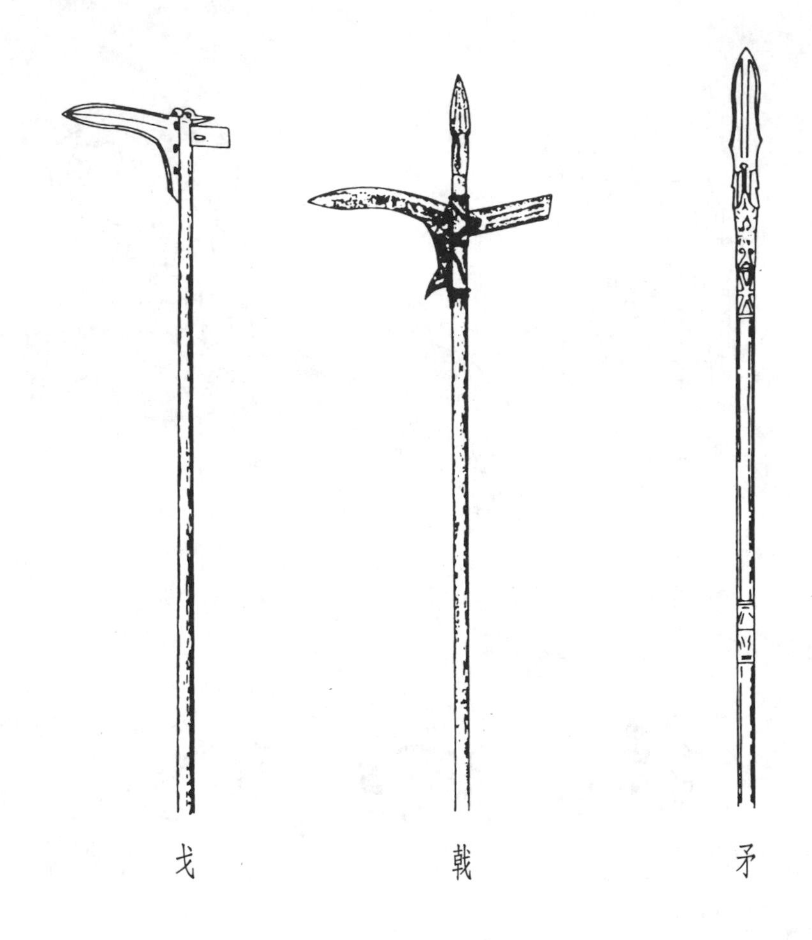

圖二　東周戰士的長兵器：戈、戟、矛

戈原本作啄兵使用，隨著車戰的流行，勾殺的功能特別受重視，所以周代的戈多有弧形的長胡。

戟則是結合戈矛兩種形制的新兵器，也逐漸取代戈在兵器上的重要地位。

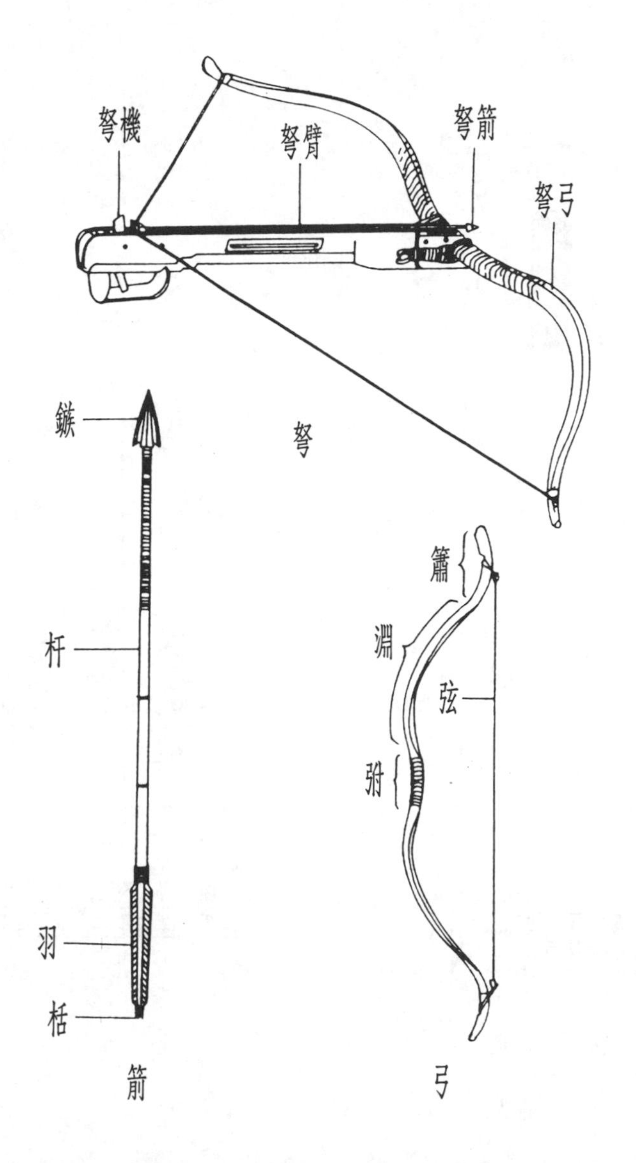

圖三　遠射兵器：弓、弩、箭

弓箭起源很早，原本為狩獵用的生產工具。春秋晚期，隨著步兵的興起，命中率高，射程遠的弩取代弓成為主要的遠射器。

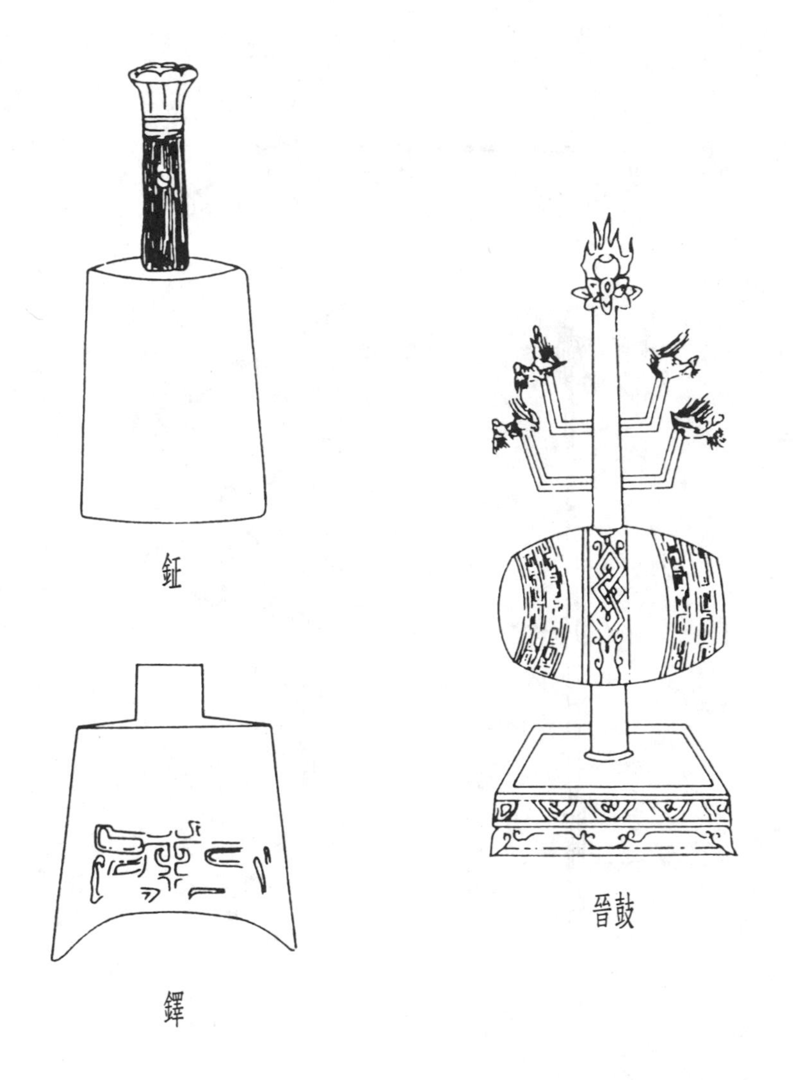

圖四之一　指揮號令器具：金（鉦、鐸)、鼓(採自《三才圖會》)

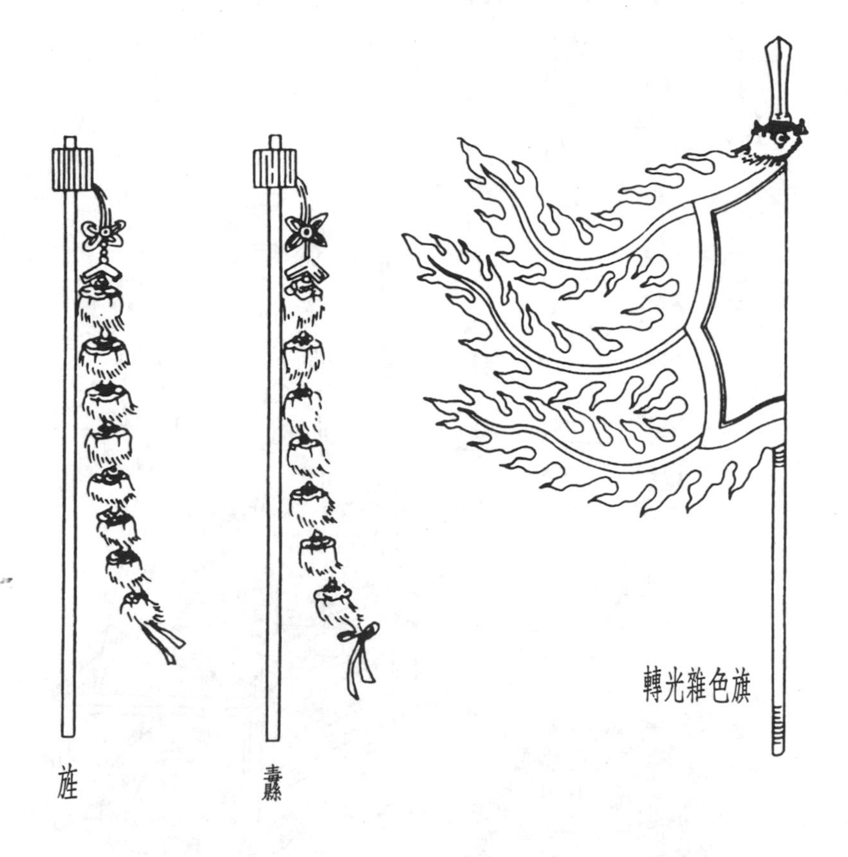

圖四之二　指揮號令器具：旌（採自《三才圖會》）、
旗（採自《武經總要》）

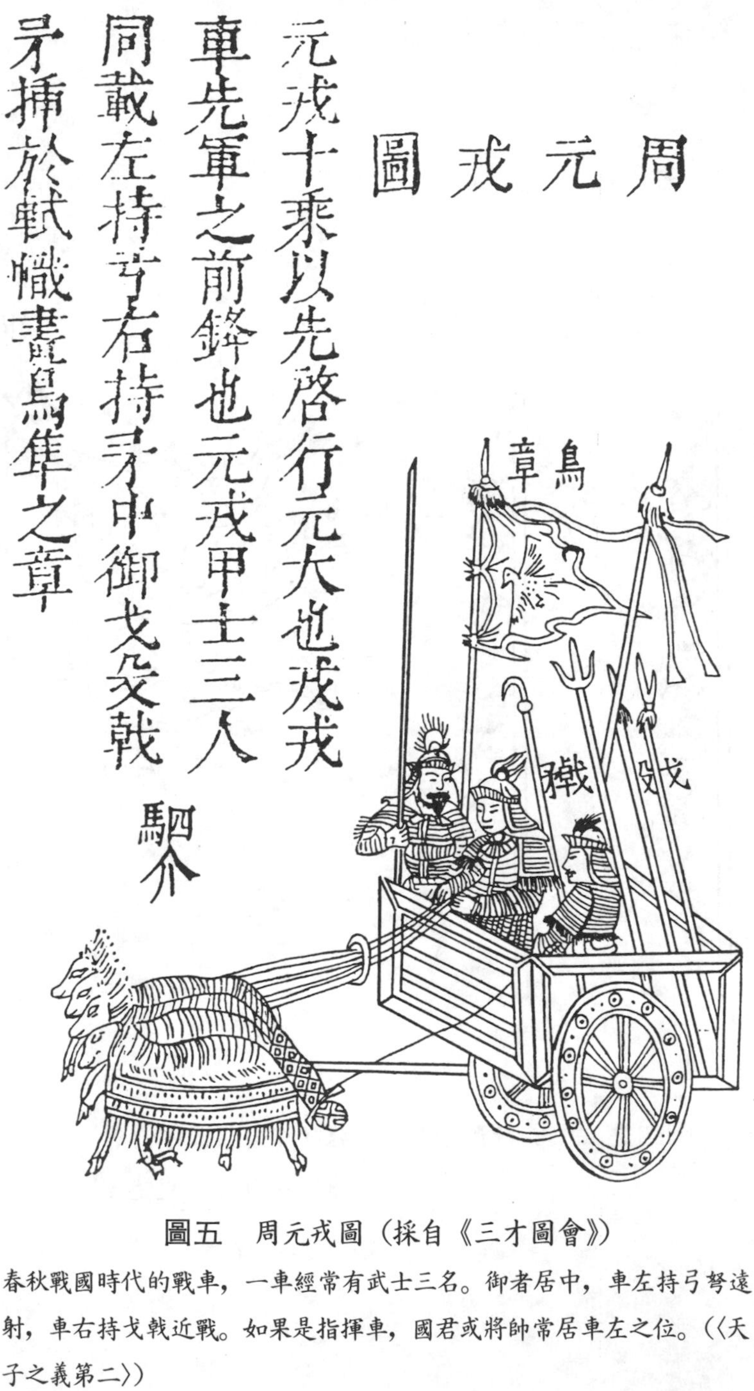

周元戎圖

元戎十乘以先啓行元大也戎戎車先軍之前鋒也元戎甲士三人同載左持弓右持矛中御戈殳戟矛插於軾幟畫鳥隼之章

鳥章

幟

戈

駟介

圖五　周元戎圖（採自《三才圖會》）

春秋戰國時代的戰車，一車經常有武士三名。御者居中，車左持弓弩遠射，車右持戈戟近戰。如果是指揮車，國君或將帥常居車左之位。（〈天子之義第二〉）

a

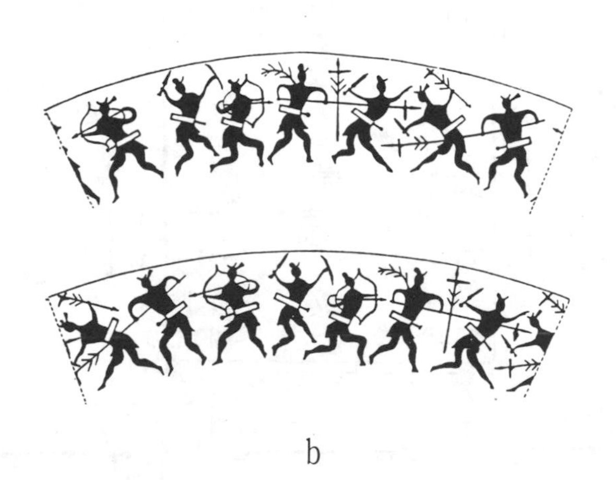

b

圖六　步戰示意圖(摹自河南汲縣山彪鎮出土戰國水陸攻戰銅鑒)

注意圖上以五人為一伍，兵器搭配的方式。在伍前二人持戟與劍，中間二人持弓配劍，最後一人持盾持戈。這是兵法中所說「長以衛短，短以救長」的配置原則。(〈定爵第三〉)

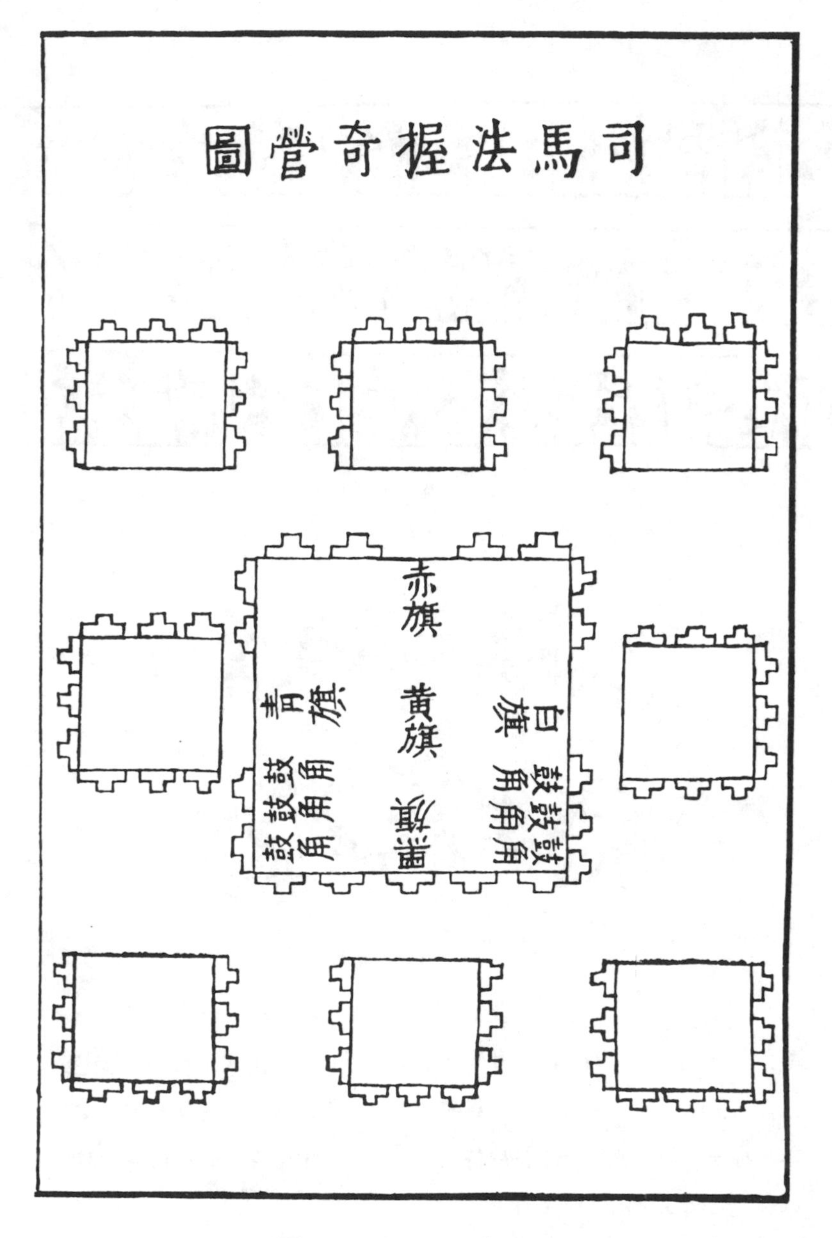

圖七　司馬法握奇營圖
（《司馬法》逸文）

導讀

《司馬法》是我國最古老的兵書之一。《周禮・夏官・司兵》云：「司兵掌五兵五盾，各辨其物與其等，以待軍事。及授兵，從司馬之法以頒之。」已經提到司馬的「法」。《漢書・藝文志》「禮類」已著錄此書，稱《軍禮司馬法》，一百五十五篇。自《隋書・經籍志》始，新、舊唐志、《宋史・藝文志》均列入子部兵家類，題《司馬（兵）法》三卷，齊將司馬穰苴撰。穰苴姓田，春秋晚期齊國名將，治軍嚴明，精通兵法，以軍法斬齊景公寵臣莊賈，戰勝晉、燕之師，收復失地而被景公尊為大司馬，故後人稱之為司馬穰苴。事蹟見《史記・司馬穰苴列傳》。據《史記》所載，他死後約一百五十年時，齊威王仿效穰苴用兵，命其大夫追論古時的司馬兵法，附穰苴於其中，號為《司馬穰苴兵法》。由此可見，成書於戰國中期的《司馬法》，不僅保存了古兵法的內容，還增加了司馬穰苴對春秋時期戰爭和兵制的研究心得。

原書篇數甚多，內容博大精深。司馬遷譽之為「閎廓深遠，雖三代征伐，未能竟其義，如其文也」。(《史記・司馬穰苴傳論》) 惜漢代以後散佚頗多，今本僅存〈仁本〉、〈天子之義〉、〈定爵〉、〈嚴位〉和〈用眾〉五篇(各篇的篇名都摘自該篇的第一句話，並不是專門的篇名)，共三千二百餘字。但僅就現存的這五篇內容來看，仍可略窺其「閎廓深遠」特點之一斑。首先，論述的範圍極其廣泛，幾乎涉及到軍事的各個領域。短短三千餘字，論述了戰爭準備、作戰指揮、布陣隊形、兵器配備、天時地利的選擇、間諜的使用、將士作戰的心理、軍隊紀律、訓練管理等問題，要言不煩。其次，書中保存了許多古代用兵、治兵原則，尤其是以法制軍的思想以及大量具體的軍法內容。其中包括夏、商、周三代有關軍制、出師、旗鼓、徽章、誓師、軍容、軍禮、賞罰、警戒等方面的闡述，都是非常寶貴的軍事史料。第三，不少篇幅反映了春秋後期的戰爭觀、作戰指導思想和戰法。戰爭觀如「殺人安人，殺之可也；攻其國愛其民，攻之可也；以戰止戰，雖戰可也」。(〈仁本〉)「國雖大，好戰必亡；天下雖安，忘戰必危」。(同上) 在作戰指導思想上，強調講求謀略權變，機動靈活，巧勝敵軍。在具體戰法上，強調避實擊虛，迂迴包抄，乘勝追擊。此外，書中還包含有辯證的哲理思想，如認為，戰爭的勝利，除了天時地利外，人的因素起著決定作用。又認為，將士積極的心理因素可轉換成巨大的力量。主張採用各種方法激勵積極的心理因素，消除或抑制消極的心理因素，保持高昂的士氣，以保證戰鬥的勝利。

《司馬法》從問世以來，就以其內容閎廓、思想深邃而為歷代統治者及兵家、學者所重視，影響極為深遠。東漢時的荀悅曾建議，比照漢武帝以武功賞官的前例「置尚武之官，以《司馬兵法》選，位秩比博士」。（見荀悅《申鑒・時事篇》）司馬遷作《史記》、班固著《漢書》以及馬融、許慎、鄭玄、曹操等人的著作中，都曾以《司馬法》為重要文獻而加以徵引。晉唐之間，杜預、賈公彥、杜佑、杜牧等人，也常以《司馬法》作為注疏古書的根據。唐太宗李世民和李靖論兵時，將本書作為重要論題。宋神宗元豐年間，北宋政府把《司馬法》列為《武經七書》之一，頒行武學，定為將校必讀之書，此後歷代重視程度不減於漢唐（清代有學者懷疑是偽書，證據嫌不足）。《司馬法》還流傳到海外，如日本、法國等，這些都充分體現了本書在軍事學術史上的重要價值和地位。

這個譯注本的原文，依據《百子全書》（掃葉山房一九一九年石印本）本，並以《續古逸叢書》影印《宋本武經七書》本《司馬法》參校，改正個別明顯的錯字。各篇下均重新標點、分段。

王雲路

一九九五年十二月

卷上

仁本第一

【題解】

「仁本」，就是以仁愛為根本的意思。司馬認為，治國治軍，都應以仁為根本。當正常的政治手段達不到解決國內外矛盾的目的時，就必須使用戰爭。戰爭有正義與非正義的區別，正義戰爭的目的是為了除暴安人，推行仁政，制止非正義戰爭。在進行戰爭的時候，仍要以仁為本，遵循「六德」，制定「五刑」，須布九種禁令。

古者以仁為本。以義治之之謂正❶，正不獲意則權❷。權出於戰，不出於中人❸。是故殺人安人，殺之可也；攻其國愛其民，攻之可也；

以戰止戰，雖戰可也。故仁見親，義見說❹，智見恃，勇見方❺，信見信。內得愛焉，所以守也；外得威焉，所以戰也。

【章旨】

戰爭是因正常方法不能奏效而採取的權變手段。如果能做到「殺人安人」、「攻其國愛其民」、「以戰止戰」，是可以使用的。君主若能得到民眾的信任和愛戴，樹立威名，就可以守衛國土，戰勝敵人。

【注釋】

❶正　指正常的方法，常法。

❷權　權變；變通的辦法。

❸中人　中庸仁愛。人通「仁」。

❹說　同「悅」。

❺方　取法；效法。

【語譯】

古時候，人們以仁愛為根本。用合乎道義的方法來治理國家，這叫做常法；常法達不到目的，就採取變通的辦法。權變來自於戰爭，而不來自於中庸和仁愛。因此，殺掉壞人而使大眾得到安寧，殺人是可以的；進攻別國的出發點在於愛護它的民眾，進攻是可以的；戰爭的目的是為了制止戰爭，即使發動戰爭，也是可以的。所以，君主應以仁愛為民眾所親近，以道義為民眾所喜愛，以智慧為民眾所仰仗，以勇敢為民眾所效法，以信實為民眾所信任。這樣，在國內可以得到人民的愛戴，藉以守衛國土；在國外可以樹立震懾的威名，藉以對敵作戰。

戰道❶：不違時，不歷民病❷，所以愛吾民也。不加喪，不因凶❸，所以愛夫其民也。冬夏不興師，所以兼愛民也。故國雖大，好戰必亡；天下雖安，忘戰必危。天下既平，天子大愷❹，春蒐秋獮❺。諸侯春振旅，秋治兵，所以不忘戰也。

【章旨】

保護人民利益，是贏得戰爭勝利的根本。本節「不違時」等五個「不」字句，清楚地體現了這種以民為本的戰爭觀。戰爭是國家存亡的大事，有遠見的統治者理應居安思危，長期備戰。

【注釋】

❶道　原則；準則。

❷不歷民病　謂不在疫病流行時興兵打仗。歷，選擇。

❸凶　荒年。

❹大愷　周代軍隊凱旋時所奏的音樂。也作「大凱」。

❺春蒐秋獮　周代往往藉著田獵的時機檢閱軍隊，並進行演習訓練。蒐，春天打獵。獮，秋天打獵。

【語譯】

作戰的原則是：不違背農時，不選擇疫病流行的時候，以愛護自己的民眾。不利用敵方國喪，不趁著敵國災荒，以愛護敵國的民眾。隆冬、盛夏兩季不興兵作戰，以愛護敵我雙方的民眾。所以國家雖然強大，好戰必定滅亡；天下雖然太平，忘記備戰必定危險。天下既已平定，國君下令高奏成功的凱歌，然而每年春、秋兩季仍須藉打獵來進行軍事演練。各國諸侯在春天整頓軍隊，秋天訓練士卒，這都是為了不忘備戰。

古者逐奔❶不過百步❷，縱綏❸不過三舍❹，是以明其禮也。不窮❺

不能而哀憐傷病，是以明其仁也。成列而鼓，是以明其信也。爭義不爭利，是以明其義也。又能舍服❻，是以明其勇也。知終知始，是以明其智也。六德以時合教，以為民紀之道也，自古之政也。

【章旨】

古時用兵打仗，講求仁義禮讓，提倡禮、仁、信、義、勇、智這六種德行。用「六德」按時教導民眾，當作治國治民的準則。

【注釋】

❶奔　奔跑；潰逃。這裡指潰逃的敵軍。

❷步　行走時左右腳各邁出一次為步。古時的一步相當於現在的兩步。

❸縱綏　縱，進擊。綏，退軍。

❹舍　（行軍）三十里為一舍。

❺窮　使……陷於困境；使……走投無路。

❻舍服　赦免投降之敵。

【語譯】

古時候，追趕潰逃的敵人不超過一百步，進擊退卻的敵軍不超過九十里，這是為了顯示禮讓。不使失去戰鬥能力的敵兵陷於困境，哀憐它的傷病人員，這是為了顯示仁愛。等敵人布陣完畢再發起進攻，這是為了顯示誠信。爭大義而不爭小利，這是為了顯示正義。能赦免降服的敵人，這是為了顯示勇氣。能預見戰爭開始和結束，這是為了顯示智慧。用上述「六德」按時集合民眾進行教育，把它作為約束民眾的準則，這是自古而然的攻戰之道。

先王之治，順天之道，設❶地之宜，官❷民之德，而正名治物❸。

立國❹辨職❺，以爵分祿。諸侯說懷，海外來服，獄弭❻而兵寢❼，聖德之治也。

【章旨】

順應天道，合乎民意，端正名分，分封賞祿，悅服諸侯，威加海內外，這就達到了治理國家的最高境界——「聖德之治」。

【注釋】

❶設 合；適合。

❷官 任命官吏。

❸物 人，指民眾。

❹立國 指分封諸侯。

❺辨職　指區分公、侯、伯、子、男等爵位。

❻弭　止息；消除。

❼寢　停止；平息。

【語譯】

前代君王治理天下，順應自然界的規律，適合地理上的條件，任聘賢德之士為官吏，端正名分，治理民眾。分封諸侯，建立諸侯國；按照公、侯、伯、子、男的不同爵位，分享俸祿。如此，諸侯對天子自然心悅誠服，海外諸邦也前來歸附，訟止獄空，不必使用軍隊，這就是聖德天子的治世。

其次❶賢王，制禮樂法度，乃作五刑❷，興甲兵以討不義。巡狩❸省方❹，會諸侯，考不同。其有失命亂常、背德逆天之時，而危有功之君，偏告于諸侯，彰明有罪；乃告于皇天上帝，日月星辰，禱于后土，四海神祇❺，山川冢社，乃造于先王❻。然後冢宰❼徵師于諸侯曰：「某國為不道，征之；以某年月日，師至于某國，會天子正刑❽。」冢宰與百官布令于軍曰：「入罪人之地，無❾暴神祇，無行田獵，無毀土功❿，無燔牆屋，無伐林木，無取六畜⓫、禾黍、器械。見其老幼，奉歸勿傷。雖遇壯者，不校⓬勿敵。敵若傷之，醫藥歸⓭之。」既誅有罪，王及諸侯修正⓮其國，舉賢立明，正復厥職⓯。

【章旨】

賢王以法治理天下，誅討不義之國。巡行勘察，摘發姦伏，將其罪行公之於眾，並告禱於皇天后土、四方諸神，會同諸侯征伐之。戰前指揮官宣布了嚴格的群眾紀律和優待俘虜政策，為的是爭取民心，重建國家。

【注釋】

❶其次　次（聖王）一等的。

❷五刑　古時以墨（刺面）、劓（割鼻）、剕（斷足）、宮（閹割生殖器）、大辟（殺頭）等五種刑罰為「五刑」。

❸巡狩　也作「巡守」。古時天子五年一巡守，視察諸侯所守的地方。

❹省方　訪察各地。省，視察。

❺祇　地神。

❻造于先王　指到祖廟禱告先王。

❼冢宰　亦稱「大宰」。周代官名，為百官之長。

❽正刑　平正典刑。

❾無　通「毋」。

❿土功　指治水、建築等工程。

⓫六畜　原指馬、牛、羊、雞、狗、豬六種家畜，這裡泛指各種牲畜。

⓬校　抵抗；反抗。

⓭歸　送回；交還。

⓮修正　整治；整頓。

⓯正復厥職　恢復它（指被伐之國）原來的職貢。各級諸侯對天子有大小不等的朝貢義務，是為其職。

【語　譯】

次聖王一等的賢王，制定禮樂法度，設立五種刑罰，使用軍隊來討伐不義之國。親自巡視諸侯領地，訪察地方，會集諸侯，考覈異同。對其中不執行命令、擾亂秩序、違背道德、逆天行事並危害功臣的國君，就通告各地諸侯，公布其罪狀，並稟告皇天上帝，日月星辰，祈禱於地神、天下山川冢社神之前，到祖廟去禱告先王，然後冢宰向諸侯下達徵調軍隊的命令說：「某國君行為不法，應出兵征討。在某年某月某日，各國軍隊到達某國，會同天子，平正典刑。」冢宰與百官向部隊宣布命令說：「進入罪人的國境，不得褻瀆神靈，不得圍狩打獵，不得破壞水利工程、房屋建築，不得焚燒籬舍，不得砍伐樹木，不得私取牲畜、糧食和用具。見到老人和兒童，要幫助他們回家，不准傷害。即使遇到年輕力壯者，只要他們不抵抗，也不以敵人對待。敵兵如果受傷了，給予醫治，然後送他們回家。」有罪者既已殺戮，天子和諸侯即整頓該國的秩序，提拔賢士，另立明君，恢復該諸侯國原本對周天子的職貢。

王❶霸❷之所以治諸侯者六：以土地形❸諸侯，以政令平諸侯，以禮信親諸侯，以材力說諸侯，以謀人維❹諸侯，以兵革服諸侯。同患同利以合諸侯，比❺小事大以和諸侯。

【章旨】

革。

王霸治理諸侯、安定天下的法寶有六，即：土地、政令、禮信、材力、謀人和兵

【注　釋】

❶王　君王，指天子。

❷霸　霸主。

❸形　比較；對照。

❹維　維繫。

❺比　親近。

【語　譯】

天子、霸主用來治理諸侯的辦法有六種：用土地（的大小）來比較諸侯，用政策法

令來平衡諸侯，用禮儀誠信來親近諸侯，用饋贈財物來悅服諸侯，用智謀之士來維繫諸侯，用軍隊來懾服諸侯。同患難、共利益以聚合各國諸侯，大國親近小國，小國事奉大國，以和睦各國諸侯。

會❶之以發禁❷者九：憑弱❸犯寡❹則眚❺之；賊賢害民則伐之；暴內陵外則壇❻之；野荒民散則削之；負❼固不服則侵之；賊殺其親則正❽之，放弒❾其君則殘❿之；犯令陵政則杜⓫之；外內亂、禽獸行則滅之。

【章旨】

王霸會合諸侯要頒發九項禁令，對那些恃強凌弱、殘害百姓、暴虐無道和犯上作亂者採取武力的手段，堅決予以制止。

【注釋】

❶會 會合；聚會。

❷發禁 頒發禁令。

❸憑弱 恃強凌弱。

❹犯寡 以大欺小。

❺眚 消瘦；削弱。

❻壇 通「墠」。清掃土地。

❼負 恃；倚仗。

❽正 正法；治罪。

❾弒 古時稱臣殺君、子殺父為「弒」。

❿殘 誅殺；毀滅。

⓫杜 堵塞；斷絕。

【語譯】

天子、霸主會合諸侯頒發九項禁令：凡是恃強凌弱、以大欺小的，就削弱他；虐殺賢良、迫害民眾的，就討伐他；暴虐國人、淩侮外鄰的，就廢除他；使田野荒蕪、人民離散的，就削減其封地；倚仗險固、不服從王命的，就出兵警告他；殘殺骨肉親人的，就依法懲辦他；放逐或殺害其國君的，就誅殺他；違犯禁令、淩駕王命的，就斷絕孤立他；內外淫亂、行同禽獸的，就消滅他。

天子之義第二

【題解】

《天子之義》作為篇名，是取自於本篇篇首的文句。《禮記・中庸》說：「義者宜也。」「天子之義」是指天子所適宜做的事情。本篇提出了治國尚禮、治軍尚法的主張，討論了統兵治軍中嚴明賞罰、選拔將領、平時訓練以及作戰原則、武器配置原則等問題。此外，還用較多的篇幅談了夏、商、周三代不同的戰爭觀以及各自的用兵原則和措施。

天子之義，必純取法天地而觀于先聖。士庶[1]之義，必奉于父母而正于君長❷。故雖有明君，士不先教，不可用也。

【章旨】

天子、士庶各有所應做的事，明君須善用士民。

【注釋】

❶士庶　泛指士民、百姓。士，古代所謂「四民」之一（另三民是農、工、商），地位高於庶民。庶，庶民。

❷長　首領；元首。

【語譯】

天子所適宜做的事，必定是完全取法天地，體察先聖的做法。士民所適宜做的事，必定是遵從父母的戒訓，不偏離君主的教導。因此，即使有賢明的君主，如果不首先去教導士民，就不能使用他們。

古之教民，必立貴賤之倫經[1]，使不相陵。德義不相踰，材技不相掩，勇力不相犯[2]，故力同而意和也。古者，國容[3]不入軍，軍容[4]不入國，故德義不相踰。上貴不伐[5]之士，不伐之士，上之器[6]也。苟不伐則無求，無求則不爭。國中之聽[7]，必得其情；軍旅之聽，必得其宜，故材技不相掩。從命為士上賞[8]，犯命為士上戮[9]，故勇力不相犯。既致教其民，然後謹選而使之。事極修[10]則百官給[11]矣，教極省則民興良[12]矣，習貫[13]成則民體[14]俗矣，教化之至也。

【章　旨】

教化民眾必須先正名位，分等級，以便使上下有序，不同等級者之間不相侵凌。這樣，就能做到同心協力，各盡其能。各項事業都做得很好，教育內容簡明扼要，民眾習慣自然養成，這是教化的最高境界。

【注　釋】

❶倫經　天道人倫的常則、規範。倫，人倫道德。經，常則；規範。

❷犯　違抗；觸犯。

❸國容　國家的禮儀法度。容，禮儀；法度。

❹軍容　軍隊的禮儀法度。

❺伐　誇耀。

❻器　人才；有才幹之士。

❼聽　治理；處置。
❽上賞　最高的賞賜；重賞。
❾上戮　最重的刑罰；嚴懲。
❿修　善；美好。
⓫給　充足；豐足。
⓬興良　興，產生；引起。良，和悅，這裡指興趣。
⓭貫　習慣。後作「慣」。
⓮體　按照……實行；依照……做。

【語　譯】

古時候教導民眾，必須制定尊貴、卑賤的人倫道德規範，使上和下、尊和卑之間彼此不相侵犯。德和義的標準不相踰越，有才幹技藝的人不被埋沒，有膽量氣力的人不相違犯，這樣，就能做到同心協力、意見一致了。古時候，國家的禮儀法度不用於軍隊，軍隊的禮儀法度不用於國家，所以德和義就不會相互踰越。君主理應敬重不自我誇耀的人，因為不自誇的人才是君主的人才。如果能不自誇，那就說明他無所求，無所求就不會和別人相爭。在國內料理政事，一定會合情合理；在軍中處置事務，一定會得其所宜，所以有才幹技藝者就不致於被埋沒了。對服從命令的人，要給予最高的賞賜；對違抗命令的人，要使他受到最重的懲處，所以有膽量氣力者就不會抗命不從了。已經對民眾進行了教育，然後再謹慎地選拔、使用他們。各項事業都完成得很好，官員們的給養才會富足。教育內容簡明扼要，民眾才容易產生興趣。習慣一經養成，民眾就會按照習俗行事了，這是教化的最高境界。

古者逐奔❶不遠，縱綏❷不及❸，不遠則難誘，不及則難陷。以禮為固，以仁為勝，既勝之後，其教❹可復❺，是以君子貴之也。

【章旨】

追擊敵軍務須謹慎，以免中計。只有不被敵軍所誘陷，才可稱之為固，自身固，才能克敵制勝。

【注釋】

❶奔　指敗逃的敵軍。

❷縱綏　進擊撤退的敵軍。

❸及　追上；趕上。按：「逐奔不遠，縱綏不及」和〈仁本〉「逐奔不過百步，縱綏不過三舍」的意思相近，可參見該篇的注、譯。

❹教　教化；政教。

❺復　重複使用；反覆運用。

【語譯】

古時作戰，追趕敗逃的敵人不過於遠，進擊撤退的敵軍不一定要趕上，不過遠就不容易被敵人所誘騙，不追上就不容易落入敵人的圈套。用禮義來治軍，軍隊就能鞏固；用仁愛來作戰，就能奪取勝利。取得勝利之後，那些對民眾的教化方法還可以反覆運用，因而賢德之士都是很重視這些教化的。

有虞氏❶戒于國中，欲民體❷其命也。夏后氏❸誓于軍中，欲民先成其慮也。殷❹誓于軍門之外，欲民先意❺以待事也。周❻將交刃而誓之，以致民志也。

【章旨】

上古聖賢率兵征戰之前，必先舉行誓師活動，以激勵將士，鼓舞鬥志。

【注釋】

❶**有虞氏** 傳說中的遠古部落名。居於蒲阪（今山西永濟西蒲州鎮），舜是他們的領袖。

❷**體** 體諒；理解。

❸**夏后氏** 古部落名，首領是禹。其子啟建立了我國歷史上第一個朝代——夏朝。啟即位後，有扈氏不服，啟伐之，大戰於甘（今陝西戶縣西南）；將戰，作〈甘誓〉。見《史記・夏本紀》。

❹**殷** 朝代名。商的第十代君王盤庚從奄（今山東曲阜）遷到殷（今河南安陽西北），因而商也稱為殷，整個商代也叫殷商。西元前一七六六年，夏桀暴虐，湯起兵伐桀，戰於鳴條（今山西運城縣北），戰前作〈湯誓〉。見《史記・殷本紀》。

❺**意** 考慮；放在心上。

❻**周** 朝代名。周武王滅商後建立，建都於鎬（今陝西西安西南灃水東岸）。西元前一一二二年，殷紂王暴虐，周武王率軍討伐，戰於牧野（今河南汲縣北朝歌鎮），臨戰前作〈牧誓〉。見《史記・周本紀》。

【語譯】

虞舜在國內告誡民眾，是想要讓人們理解他的命令。夏啟在軍中誓師，是想要讓民眾首先完成他所憂慮的任務。商湯在軍門之外誓師，是想要讓民眾先有思想準備，以等待行動。周武王在兩軍即將交戰之前集眾誓師，是用來激勵民眾的戰鬥意志。

夏后氏正其德也，未用兵之刃❶，故其兵不雜❷。殷，義也，始用兵之刃矣。周，力也，盡用兵之刃矣。

【章旨】

三代君王各以德、義、力取天下，其對待武力的態度自有不同。

【注釋】

❶兵之刃　泛指武力、軍事力量。兵，兵器；武器。刃，刀鋒；鋒刃。

❷雜　指摻雜、配合使用。

【語譯】

夏代用端正道德來取天下，沒有使用武力，所以軍隊不搭配使用多種不同兵器。殷商用義取天下，開始使用武力了。周代用力量取天下，盡量使用軍事手段，動用武力。

夏賞于朝，貴善也。殷戮于市，威❶不善也。周賞于朝、戮于市，勸❷君子，懼小人也。三王彰❸其德，一也。

【章旨】

三代君王的賞罰制度雖有異同，但都是為了懲惡揚善，顯揚道德品行。

【注釋】

❶威　威懾；震懾。

❷勸　勉勵；鼓勵。

❸彰　彰明；顯揚。

【語譯】

夏代在朝廷上獎勵有功者，是為了崇尚做好事的。殷代在集市上殺戮有罪者，是為了震懾做壞事的。周代在朝廷上獎賞有功之人，在集市上殺戮有罪之人，是為了勉勵君子，震駭小人。三代君王的做法雖有不同，但在彰明他們所提倡的德行方面是一致的。

兵不雜❶則不利。長兵以衛，短兵以守。太長則難犯❷，太短則不及。太輕則銳❸，銳則易亂❹。太重則鈍，鈍則不濟❺。

【章　旨】

長、短、輕、重武器合理配置，各種兵器協同作戰，是奪取戰爭勝利的重要因素。

【注　釋】

❶雜　指摻雜、配合使用。

❷犯　指干犯、觸犯（敵人）。

❸銳　尖銳；細小。

❹亂　治的反義詞，這裡指戰鬥行動不協調。

❺不濟　不中用。

【語　譯】

兵器不配合使用就不利於克敵制勝。長兵器是用來護衛持短兵器者的進攻的，短兵器是用來守禦持長兵器者的空隙的。兵器太長則不便於擊打敵人，太短則夠不著敵人。太輕則動作疾速，動作疾速容易使戰鬥行動不協調。太重則行動遲鈍，行動遲鈍就不中用。

戎車❶：夏后氏曰鉤車，先❷正也。殷曰寅車，先疾也。周曰元戎，先良也。旂：夏后氏玄首❸，人之埶❹也。殷白，天之義也。周黃，地之道也。章：夏后氏以日月，尚❺明也。殷以虎，尚威也。周以龍，尚文也。

【章　旨】

兵車是作戰的重要工具，旗幟、徽章是軍隊的代表和象徵，夏、商、周三代各有其注重和選擇。

【注釋】

❶戎車　兵車；戰車。

❷先　重視；注重。

❸玄首　玄，黑色。首，有標明、顯示義，引申為標識。按：夏代崇尚黑色，以黑色的牲畜祭祀，以黑色作為旗號。

❹埶　同「勢」。

❺尚　尊崇；崇尚。

【語譯】

兵車：夏代叫鉤車，注重平正安穩。殷代叫寅車，注重行駛疾速。周代叫元戎，注重結構精良。旗幟：夏代用黑色作為標識，象徵人的顏色。殷代用白色，象徵天的顏色。周代用黃色，象徵地的色彩。徽章：夏代用日月，是崇尚光明。殷代用虎，是崇尚威武。周代用龍，是崇尚文采。

師多務❶威則民詘❷，少威則民不勝❸。上使民不得其義❹，百姓不得其敘❺，技用❻不得其利，牛馬不得其任，有司❼陵之，此謂多威。多威則民詘。上不尊德而任詐慝❽，不尊道而任勇力，不貴用命而貴犯命，不貴善行而貴暴行，陵之有司，此謂少威，少威則民不勝。

【章旨】

軍隊樹立威嚴必須恰如其分。過於威嚴則不能人盡其材，缺少威嚴則擢用失當，這都是不利於對敵作戰的。

【注釋】

❶務　追求；力求。

❷民詘　民，庶民，戰時就是軍隊中的士卒。詘，同「屈」。受屈，壓抑。

❸民不勝　謂不能懾服其人民。

❹不得其義　不得其宜；不得其當。

❺百姓不得其敘　安排官吏的職位不恰當。百姓，古時對貴族的總稱。敘，按等級次第授官職。

❻技用　指有技藝才能的人。技，技藝。用，才能。

❼有司　官吏。古代設官分職，各有專司，因稱職官為「有司」。

❽慝　邪惡。

【語譯】

軍隊過於追求威嚴，士卒就會感到壓抑；缺乏威嚴，就不能懾服人民。君主使用民眾不適宜，百官的安排、任命不恰當，有技能的人得不到施展的機會，牛馬也不能合理地使用，官吏又盛氣凌人，這就是過於威嚴了。過於威嚴，士卒就會有壓抑感。君主不尊重有德行的人，而信任欺詐邪惡的人；不尊重講道義的人，而信任恃勇逞強的人；不重視服從命令的人，而重視犯上抗命的人；不看重行事善良的人，而看重凶狠殘暴的人，以至於欺凌官吏，這就是缺乏威嚴。缺乏威嚴，就不能懾服人民。

軍旅以舒❶為主，舒則民力足。雖交兵致刃，徒❷不趨❸，車不馳，逐奔不踰列，是以不亂。軍旅之固，不失行列之政❹，不絕人馬之力，遲速不過誡命。

【章　旨】

舒緩從容，是軍隊行動的主旨。即便在白刃搏擊、戰場追殺之時，仍須節制，不亂隊列，以保持部隊的穩固。

【注釋】

❶舒　舒緩；從容不迫。

❷徒　步兵。

❸趨　快步走。

❹政　通「正」。齊整；有秩序。

【語譯】

軍隊行動，以舒緩從容為主導思想，舒緩從容就能保持士卒充沛的戰鬥力。即使在戰場與敵軍交刃搏殺之時，也要做到步兵不快走，戰車不奔馳，追擊逃敵不超越作戰行列，因而不會擾亂戰鬥陣形。軍隊之所以穩固，就在於不喪失行列的秩序，不耗盡人、馬的力量，行動的快慢疾徐都不超過命令的規定。

古者，國容不入軍，軍容不入國。軍容入國則民德廢，國容入軍則民德弱。故在國言文而語溫，在朝恭以遜，修己以待人，不召不至，不問不言，難進易退❶。在軍抗而立❷，在行遂❸而果，介者❹不拜，兵車不式❺，城上不趨，危事不齒❻。故禮與法表裡也，文與武左右也。

【章旨】

國家有國家的禮儀，軍隊有軍隊的禮儀，各供所需，劃然有別。理應察其同異，區而別之，不可混為一談。

【注釋】

❶難進易退　古時朝見君主，三揖而進，告退時一辭而退，故稱。
❷抗而立　指昂首挺立。
❸遂　決斷。
❹介者　穿著鎧甲的人。介，鎧甲。
❺式　古代的一種禮儀。指立乘車上俯身撫軾，表示敬意。
❻不齒　謂不依年齡排座次、分上下。齒，年齡。這裡用如動詞。

【語譯】

古時候，國家的禮儀法度不用於軍隊，軍隊的禮儀法度不用於國家。軍隊的禮儀法度用於國家，民眾的禮讓風氣就會被廢弛；國家的禮儀法度用於軍隊，將士的果敢精神就會被削弱。所以，在國中言辭要文雅，談吐要溫和。在朝中任職要恭敬而謙遜，嚴以律己，寬而待人。國君不召見不擅自前往，不發問不隨便說話，三揖而後進，一辭而即退。在軍隊裡要昂首直立，在戰陣中要行動果決，穿著鎧甲不跪拜，在兵車上不行禮，在城上見君不趨走致敬，遇到危急之事要挺身而出，不論長幼輩分的順序。所以禮與法，兩者是互為表裡的；文與武，兩者是相輔相成的。

古者賢王，明民之德，盡民之善，故無廢德，無簡民❶。賞無所生，罰無所試。有虞氏不賞不罰而民可用，至德也。夏賞而不罰，至教也。殷罰而不賞，至威也。周以❷賞罰，德衰也。賞不踰時，欲民速得為善之利也。罰不遷列，欲民速覩為不善之害也。大捷不賞，上下皆不伐善。上苟不伐善，則不驕矣；下苟不伐善，必亡等❸矣。上下不伐善若此，讓之至也。大敗不誅❹，上下皆以不善在己。上苟以不善在己，必悔其過；下苟以不善在己，必遠其罪。上下分惡若此，讓之至也。

【章旨】

古時賢君以德教治天下，不用賞罰。三代以降，賞罰漸行。賞罰及時，是為了懲惡揚善。大勝後不獎賞，是為了戒驕戒躁，不生競心；大敗後不誅罰，是為了總結經驗，以利再戰。

【注釋】

❶簡民　惰慢之民。簡，惰慢；怠慢。

❷以　用；使用。

❸亡等　猶言沒有競同、攀比之心。亡，通「無」。沒有。等，謂競同、攀比。

❹誅　懲罰。

【語　譯】

古代賢明的君主，表彰民眾的美德，竭力鼓勵民眾的善行，所以沒有敗壞道德的事，也沒有懶惰怠慢的人，因而獎賞無從頒發，懲罰無從施行。虞舜不用賞也不用罰，而民眾都能聽他使喚，這是由於最高的道德感召所致。夏代祇用賞而不用罰，這是由於最好的教育化導所致。殷代祇用罰而不用賞，這是由於最強大的威勢震懾所致。周代賞罰並用，這是由於道德已經衰落了。行賞不拖延時間，為的是使民眾迅速得到做好事的利益。懲罰就地執行，為的是使民眾迅速看到做壞事的害處。打了大勝仗之後不頒發獎賞，上下就不會爭誇自己的功勞。在上位者如果不誇功，就不會驕傲自滿了；處下位者如果不誇功，就不會有競比之心了。上下都能這樣不誇功，就可稱是最好的謙讓風氣。打了大敗仗之後不執行懲罰，上下都會認為過錯在自己身上。在上位者如果認為錯誤在己，必定會悔過問善；處下位者如果認為錯誤在己，必定會遠離罪錯。上下都像這樣爭著分擔過錯的責任，也可稱是最好的謙讓風氣。

古者戍軍，三年不興❶，覩民之勞也。上下相報若此，和之至也。得意則愷歌❷，示喜也。偃伯❸靈臺❹，答民之勞，示休也。

【章旨】

駐邊將士非常辛苦，理應輪換休息。戰爭獲勝之後則慰民勞軍，讓國民休養生息。

【注釋】

❶三年不興　是說戍邊一輪後，三年內不再征調服役。興，征發；征調。

❷愷歌　原指軍隊獲勝歸來奏愷樂時所唱的歌，這裡用如動詞。

❸偃伯　亦作「偃霸」，指休戰。偃，止息；停止。伯，通「霸」。

❹靈臺　西周臺名，周文王所建。

【語　譯】

古代派遣戍守邊疆的軍人，(服役一輪後)，三年內不再征調其服役，因為看到他們太辛苦了。上下之間像這樣互相報施，就是最團結的表現。打了勝仗就和著愷樂高歌凱旋，以表達喜慶的心情。在靈臺休戰以後，酬答民眾的勞苦，以示從此開始休養生息。

卷中

定爵第三

【題解】

〈定爵〉這一篇名，也是取篇首之文而定的。爵位，公卿士大夫封號的等級，以別尊卑上下。本篇雖名〈定爵〉，實際上內容卻很龐雜，既有宏觀的治軍備戰思想和戰略指揮原則，又有微觀的戰術策略、具體的作戰手段等，所涉及的範圍十分廣泛。

凡戰，定爵位，著❶功罪，收遊士❷，申教詔，訊❸厥眾，求厥技，方慮❹極物❺，變❻嫌推疑，養力索巧，因心之動。

【章 旨】

作戰之前，必須做好分等級、定賞罰、招人才、傳詔令等準備工作，以求博採眾長，順應民心。

【注 釋】

❶著 明白規定。

❷遊士 遊說之士。

❸訊 問；詢問。

❹方慮 謂辨別謀劃的好壞、甄別想法的高低。方，辨別；甄別。慮，謀劃；想法。

❺極物 推究事物的根源。

❻變 通「辨」。分辨；識別。

【語譯】

凡是作戰，應先確定軍中上下官員的等級，明白規定賞罰的條令，收羅四方遊說之士，申明軍隊的教令，徵詢眾人的意見，搜求有特長的人才，辨別謀劃的好壞，推導事物的根源，分辨和推究疑難問題，積蓄國力，尋覓妙計，順應民心而採取行動。

凡戰，固眾，相❶利，治亂，進止❷，服正❸，成❹恥，約法❺，省罰，小罪乃❻殺，小罪勝，大罪因。

【章旨】

作戰要求團結國人，鞏固軍心，盡量少用刑罰。

【注釋】

❶相　仔細看；審察。

❷進止　前進、停止。這裡指（服從指揮），進止有序。

❸服正　服膺正義。

❹成　培養；養成。

❺約法　簡省法令。

❻乃　相當於「而」。

【語譯】

凡是作戰，應該鞏固軍心，審度利害，整治紛亂，進止有序，服膺正義，曉恥知羞，簡省法令，減少刑罰，犯了小罪而遭誅殺，小罪雖被制止，大罪卻會因之而起了。

順天、阜❶財、懌❷眾、利地、右❸兵，是謂五慮。順天奉時，阜財因敵，懌眾勉若❹，利地守隘險阻，右兵弓矢禦、殳矛守、戈戟助。凡五兵❺五當，長以衛短；短以救長。迭戰則久，皆戰則強。見物與侔❻，是謂兩之❼。

【章旨】

作戰必須講求天時、地利、人和，廣集資財，重視兵器的配備與運用；還要注意發現和仿製敵軍的新式武器。

【注釋】

❶阜　豐盛；富裕。

❷懌　喜悅；悅服。

❸右　重視。

❹勉若　勉，盡力；努力。若，順從；和順。

❺五兵　五種兵器，歷來說法不一。這裡即指戈、矛、殳、戟、弓矢五種武器。

❻見物與侔　物，這裡指兵器。侔，看齊；等同。

❼兩之　言與敵軍相均勢、相抗衡。兩，比侔；齊等。之，指敵軍。

【語　譯】

順應天時，備足財富，悅服民心，利用地形，重視兵器，這是備戰必須考慮的五件事情。順應天時，就要注意天候季節。備足財富，就要善於利用敵人的資財。悅服民心，就要努力順從民意。利用地形，就要據守關隘險阻。重視兵器，就要在作戰中用弓矢抵擋遠敵，用殳矛防守近敵，用戈戟輔助殺敵。這五種兵器有五種用途，長兵器是用來護衛短兵器的，短兵器是用來救助長兵器的。這些兵器輪番交戰就可以持久，全部參戰則能發揮強大的威力。發現敵人的新武器，就思取其優點，仿效製造，這纔可以稱得上是和敵軍相抗衡。

主固勉若，視敵而舉。將心，心也；眾心，心也。馬、牛、車、兵佚❶飽，力也。教惟豫❷，戰惟節❸。將軍，身也；卒❹，支❺也；伍❻，指拇也。

【章旨】

將士協同一致，車馬裝備精善，戰前對士兵加強教育和訓練，這都是提高部隊戰鬥力的重要因素。

【注釋】

❶佚 通「逸」。安逸；安閒。
❷豫 事先作準備；預先。
❸節 節制，即有紀律。
❹卒 古代軍隊編制。百人為卒。
❺支 肢體；四肢。後作「肢」。
❻伍 古代軍隊編制。五人為伍。

【語譯】

作為主將，一定要努力順從民意，觀察敵情的虛實變化，採取相應的行動。將領之心是心，兵眾之心也是心，(上下要同心)。馬、牛、戰車、兵器經過休養整備，以逸待勞，以飽待飢，使其富有戰鬥力。對士兵的教育訓練必須平時預先進行，這樣的軍隊，到戰時才會是有嚴明組織紀律的節制之師。軍隊就像一個人，將軍是這人的身軀，卒等於是這人的四肢，伍等於是這人四肢上的拇指。

凡戰，權也。鬥，勇也。陳❶，巧也。用其所欲，行其所能，廢❷其不欲不能，于敵反是❸。

【章　旨】

戰爭是智慧和勇氣的較量，必須發揮己方優勢，揚長避短。

【注　釋】

❶陳　部隊作戰時的戰鬥陣形，後作「陣」。

❷廢　停止（做）；中止（做）。

❸反是　指採取相反的做法。

【語　譯】

凡是戰爭，都要用謀略權變；戰鬥行動，要靠英勇善戰；布陣打仗，要能巧妙安排。按照自己所打算的，做自己所能做的事，但也應量力而行，停止做那些違反自己意願和力所不及的事。對敵人則要採取相反的做法。（要設法使敵人做他所不願做或不能做的事。）

凡戰，有天，有財，有善。時日不遷❶，龜勝❷微行，是謂有天。眾有，有，因生美，是謂有財。人習陳利，極物以豫，是謂有善。人勉及任，是謂樂人❸。

【章　旨】

作戰講求天時地利人和，掌握了這些有利因素，就為奪取勝利奠定了基礎。

【注釋】

❶遷 拖延。

❷龜勝 指占卜得到了勝利的徵兆，可以出征。古人征戰之前要用龜甲獸骨占卜，根據龜甲燒灼後的裂紋來預測吉凶。

❸樂人 是人人樂於參戰的意思。

【語譯】

凡是戰爭，應該具備天時條件，掌握足夠的資財，擁有優質的人力。不延宕作戰最佳的時機，占卜獲得了勝利的吉兆就隱蔽行動，這就叫具備天時條件。民眾富有，國力充足，這就叫掌握足夠的資財。國人熟諳戰陣布署之利，竭盡物資之力以備戰，這就叫有優質的人力。人人都能盡力完成己所承擔的戰鬥任務，這就叫樂於效命。

大軍以固，多力以煩❶，堪物❷簡治❸，見物應卒❹，是謂行豫。輕車輕徒，弓矢固禦，是謂大軍。密靜多內力，是謂固陳。因是進退，是謂多力。上暇人教，是謂煩陳❺。然有以職，是謂堪物。因是辨物，是謂簡治。

【章旨】

建立一支強大而穩固的軍隊，對士兵精心訓練，遴選出色人材，處置緊急事件，這些都是戰前預先要做的事。

【注釋】

❶煩　繁多；煩瑣。這裡指頻繁演練戰陣。參見❺。

❷堪物　謂勝任管理事物。堪，勝任；能承擔。

❸簡治　謂簡省治理。簡，簡省。

❹應卒　應付突然事件。卒，通「猝」。突然；倉猝。

❺煩陳　即頻繁於陣，指使士兵頻頻演習布陣，使之熟練。

【語　譯】

軍隊強大而陣勢穩固，戰鬥力強而頻繁演練，勝任管理各種事物而簡省治理，洞察事物的各種情況以應對突發事件，這就叫預先有準備。戰車輕快，步兵精銳，弓箭足以固守，這就叫強大的軍隊。行動隱密肅靜，增強自身的作戰能力，這就叫鞏固陣勢。憑藉這樣的陣勢而又適宜進退，這就叫增強戰鬥力。主將利用閒暇教導士兵熟習陣法，這就叫頻繁排陣。凡事都有相應的職守，這就叫勝任管理各式事物。憑藉這樣的管理來區別處置不同的事物，這就叫簡省治理。

稱眾❶因地，因敵令陳❷。攻戰守，進退止，前後序，車徒因❸，是謂戰參❹。不服、不信、不和、怠、疑、猒❺、懾、枝❻、拄❼、詘❽、頓❾、肆❿、崩、緩，是謂戰患。驕驕、懾懾、吟嚝⓫、虞懼、事悔，是謂毀折。大小、堅柔、參伍⓬、眾寡、凡兩⓭，是謂戰權。

【章旨】

因事制宜，攻守有序，這是作戰的要旨。不服從指揮，猜疑厭戰等，都是作戰的禍患。驕傲、畏敵，則會導致覆滅。高明的指揮官應該善於從正反兩方面辯證地看待問題。

【注釋】

❶稱眾　謂權衡、考慮我軍兵力。稱，權衡；揣度；考慮。
❷令陳　指確定己方陣形。
❸因　依靠；配合。
❹參　研究；考慮。
❺猒　同「厭」。
❻枝　分散；渙散。
❼拄　支撐；頂住。
❽詘　同「屈」。受屈；委屈。
❾頓　困頓。
❿肆　放縱；放肆。
⓫吟曠　吟，歎息；呻吟。曠；慨歎。
⓬參伍　或三或五，泛指部隊裡人數不等的編組方法。參，三。伍，五。
⓭凡兩　謂凡事都從正反兩方面考慮。

【語　譯】

根據地形條件和敵軍的情況，考慮確定我軍兵力的調遣和戰鬥陣形的布置。懂得進攻、求戰、退守的變化，掌握前進、撤退、停止的時機，注意前後的順序安排，戰車、步兵互相配合，協同作戰，這些都是作戰時應該研究的事。不服從命令、不襟懷坦誠、不和睦戰友、怠忽職守、忌事多疑、厭倦不振、畏縮不前、軍心渙散、頂撞上級、委屈難伸、受挫困頓、縱恣放肆、分崩離析、延誤遲緩，這些都是作戰的禍害。驕傲無比、畏懼太甚、呻吟慨歎、憂慮自危、處事反悔，這些都會導致軍隊的覆滅。行動或大或小，戰法剛柔相濟，編組用參用伍，兵力多少不一，凡事都必須從正反兩方面來考慮，這就是作戰的權謀策略。

凡戰，間遠❶觀邇❷，因時因財，貴信惡❸疑。作兵義，作事時，使人惠❹。見敵靜，見亂暇❺，見危難無忘其眾。

【章旨】

作戰要隨時了解敵軍的動向，善於把握戰機，臨危不亂。

【注釋】

❶間遠　指用間諜在遠方偵察敵情。間，偵察；伺察。
❷邇　近。
❸惡　憎恨；厭惡。
❹使人惠　謂用人要施恩惠。
❺暇　從容；沈著。

【語譯】

大凡作戰，都要用間諜偵探遠方的敵情，觀察近處敵軍的動向。善於利用四時季節的變化，根據財力制定對策。崇尚誠實、講信用，憎惡猜忌多疑。興兵作戰要出於正義，做事行動要不失時機，用人要施以恩惠。遭遇敵人時要沈著冷靜，見到動亂時要從容鎮定，發生危難時不要忘掉軍隊和士兵。

居國❶惠以信，在軍廣以武，刃上❷果以敏。居國和，在軍法，刃上察。居國見好，在軍見方❸，刃上見信。

【章旨】

君主或主帥隨著處在平時、軍隊裡、戰鬥中的不同，所採取的決策和行動也各不相同。

【注釋】

❶居國　指掌管國政、治理國家。居，處在；擔任。

❷刃上　兩軍交戰、臨陣的意思。

❸見方　顯示方正。見，顯示。上句「見好」、下句「見信」之「見」音義並同。

【語譯】

治理國家要施恩惠、講信用，管理軍隊要寬宏而威武，臨陣作戰要果斷而敏捷。治國求上下相安，率軍要法令嚴明，作戰能明察秋毫。治國要顯露美德，率軍要表現方正，作戰要顯示誠實。

凡陣，行惟疏，戰惟密，兵惟雜。人教厚，靜乃治，威利章❶。相守義，則人勉。慮多成，則人服。時中服❷，厥次治❸。物❹既章，目乃明。慮既定，心乃強。進退無疑❺，見敵無謀，聽誅。無誑其名，無變其旗。

【章　旨】

布陣之法，行列宜疏散，兵器宜交雜，人心宜服從，旗幟宜鮮明，不隨意變換部隊的旗號。

【注　釋】

❶威利章　威，威令。利，適合；適宜。章，通「彰」。鮮明；顯著。
❷時中服　時人內心心悅誠服。
❸厥次治　有關的事情就能依次辦好。厥，其。
❹物　雜色的旗幟。
❺疑　定；安定。

【語　譯】

大凡布陣，行列要疏散，（以便進退自如）；接戰要密集，（以便合力殲敵）；兵器要錯雜，（以便長短相補）。對士兵的教導訓練要重視，冷靜沈著，方能保持嚴整的陣形；威令宜使鮮明、顯著。上下遵守信義，就能人人奮勉。謀劃多所成功，就能使人信服。時人心中心悅誠服，要做的事情就能依次辦好。部隊的旗幟鮮豔顯明，士兵的眼睛才看得清楚。作戰的謀略既已確定，士兵的決心才會堅定。那些進退搖擺不定、遇敵毫無智謀者，應該接受懲罰。（臨戰的時候），不要對士兵隱瞞軍隊的名號，也不要變換部隊的旗幟。

凡事善則長，因古則行。誓作章❶，人乃強，滅厲❷祥❸。滅厲之道：一曰義。被❹之以信，臨之以強，成基一天下之形，人莫不說，是謂兼用其人。一曰權。成其溢❺，奪其好❻，我自其外，使❼自其內。

【章旨】

依照故事，公告誓詞，以消滅妖敵。滅敵的辦法有兩個，一是用道義，二是靠權謀。

【注釋】

❶誓作章　誓詞振作鮮明。

❷厲　惡鬼。這裡指敵人。

❸祥　凶兆。

❹被　施加；加上。

❺溢　驕橫；自滿。

❻好　喜愛；喜好。

❼使　指使人；派遣人。

【語譯】

凡事從善就能長久，依照古法就可施行。戰鬥誓詞振作鮮明，將士鬥志就會旺盛，就能滅絕厲鬼的徵兆。消滅敵人這個惡鬼的辦法有二：一是用道義。用誠信加給、感化敵人，用武力迫近、威懾敵人，造成統一天下的形勢，使人人都心悅誠服，這就能爭取敵國的民眾為我所用。一是用權謀。設法助長敵人的自滿情緒，並奪其所好。我軍既部署兵力從外部進攻，又派遣間諜從內部策應。

一曰人，二曰正，三曰辭，四曰巧，五曰火，六曰水，七曰兵，是謂七政。榮、利、恥、死，是謂四守。容色❶積威❷，不過改意。凡此道也。

【章　旨】

軍國大政有七種，使人遵守法紀的手段有四種，這些都是治軍打仗的方法。

【注釋】

❶容色 指（寬）容人之色。容，寬容。

❷積威 謂積久而成的威嚴。積，積累。

【語譯】

一是任用賢人，二是端正法紀，三是講究辭令，四是注意技巧，五是擅長火攻，六是習於水戰，七是改進兵器，這是七種軍國大政。榮譽、利祿、恥辱、刑戮，這是讓人遵法的四種手段。寬容人的臉色，(目的在於揚善)；積久而成的威嚴，(目的在於懲惡)，都只不過是為了使人改惡從善。所有這些都是治軍打仗的方法。

唯仁有親，有仁無信，反敗厥身。人人❶，正正，辭辭，火火。

【章　旨】

仁愛、信用必須兼備。任賢正軍，所向無敵。

【注　釋】

❶人人　任用賢人。前「人」字為動詞，後「人」字為名詞，下文「正正」等同此。

【語　譯】

只有仁愛之君，纔能使人親近。但是光有仁愛之心而不講信用，反而會身敗名裂。任用賢人，端正法紀，講究辭令，善用火攻。

凡戰之道，既作❶其氣，因發其政❷；假之以色，道❸之以辭。因懼而戒，因欲而事，蹈敵制地❹，以職命之，是謂戰法。

【章旨】

作戰既要鼓舞士氣，更要嚴格獎懲。對士卒要曉以利害，許以好處。

【注釋】

❶作　振作；鼓舞。

❷政　刑賞之政，指軍隊裡獎懲的條文。

❸道　開導；教導。

❹蹈敵制地　蹈敵，指踏上敵境、進入敵國。制地，控制其（指敵國）地。

【語譯】

通常的作戰原則是：已經振作起士氣了，接著就該頒布軍中獎懲的條文。對待士兵要和顏悅色，教導士兵要言辭懇切。利用他們的畏懼心理而警戒他們，利用他們的欲望而使用他們。踏進敵國就要控制其領地，按照將士的職位任命他們加以管理，這就叫作戰之法。

凡人之形❶，由眾之求，試以名❷行❸，必善行之。若行不行，身以將❹之。若行而行，因使勿忘，三乃成章。人生之宜，謂之法。

【章旨】

為人準則的形成，取之於眾，驗之於民。人君既要身體力行，也要讓民牢記，形成法規。

【注釋】

❶人之形　做人的方法、準則。形，方法；準則。

❷名　名稱；名號。

❸行　施行。

❹將　帶頭（做）；帶領。

【語譯】

通常的做人的準則，都來源於民眾的要求。要試著按其名稱去做的話，一定要很好地加以施行。如果去做了而沒有達到目的，人君就要親自帶頭去做。如果做了而且做好了，就應進而要求民眾牢記這些準則，經過多次貫徹實施後形成了條文法規。適合於人生要求的，就叫做「法」。

凡治亂之道，一曰仁，二曰信，三曰直，四曰一❶，五曰義，六曰變，七曰專❷。

【章旨】

治理亂世的方法有仁愛、守信、正直等七種。

【注釋】

❶一　純一無雜。這裡指志向、抱負專一不二。

❷專　壟斷權力，集中指揮。

【語譯】

通常的治理亂世的方法有七種：一是仁愛，二是講信用，三是剛直不阿，四是志向專一，五是道德仁義，六是通曉權變，七是集中權力。

立法，一曰受，二曰法，三曰立，四曰疾，五曰禦其服❶，六曰等其色，七曰百官宜無淫❷服。

【章　旨】

軍法一俟確立，就應迅速執行。百官的服制、顏色須按等級予以區別，不得僭同。

【注　釋】

❶禦其服　指使官吏的等級與其服制相匹配。禦，匹敵；相當。

❷淫　僭越；超越本分。

【語譯】

制訂法則規定，一要讓人能接受；二要明確法令內容；三要立法穩固，不隨意變動；四要執法從快，不拖泥帶水；五要使官吏的服制與其官階相匹配；六要用服飾的顏色來區分等級；七要讓百官按規定著裝，不得僭越和混同。

凡軍，使法在己曰專，與下畏法曰法。軍無小聽❶，戰無小利。日成行微曰道。

【章旨】

治軍有專斷與法治之分。臨陣作戰，應不聽傳言，不貪小利。

【注釋】

❶小聽 指沒有根據的傳說、流言。

【語譯】

大凡治理軍隊，執行法令法規的主動權完全掌握在將領手裡的叫做專斷，上下同樣畏法、受之約束的叫做法治。行軍作戰不要聽信傳言，不要貪圖小利。作戰計畫要能日有所成，行動則要求隱匿不露，這才是治軍之道。

凡戰，正不行則事專，不服則法，不相信則一❶。若怠則動❷之，若疑則變之，若人不信上則行其不復，自古之政也。

【章旨】

指揮作戰，專斷和法治是必不可少的。同時，也應做好統一認識和鼓動教[illegible]工作。

【注釋】

❶一 謂統一認識。

❷動 鼓動；振作。

【語譯】

大凡對敵作戰，若用正常的辦法行不通時就要用專斷，若有不服從指揮者則應繩之以法，若有不相信的人則需要統一認識。士卒如果軍心懈怠就應加以振作，如果疑惑多慮就應設法改變，如果不信任上司就應做到令行禁止，無法更改。這些都是自古以來帶兵治軍的方法。

卷下

嚴位第四

【題解】

嚴位，就是嚴格區分上下級的等級地位。本篇仍然是由篇首之句「位欲嚴」而得名，並非專論嚴位之道。篇中用較多的篇幅講述了戰陣的構成和要求，包括士兵、戰車的位置、姿勢、行動等。還論述了將帥的修養和一些作戰原則、取勝的方法。

凡戰之道，位欲❶嚴，政欲栗❷，力欲窕❸，氣欲閑❹，心欲一。

【章旨】

職位嚴格，紀律嚴肅，敏捷鎮定，是作戰的一般原則。

【注　釋】

❶欲　要；必須。
❷政欲栗　政，政令；紀律。栗，威嚴，嚴肅。
❸窕　通「佻」。輕靈敏捷的樣子。
❹閑　通「閒」。寧靜；安靜。

【語　譯】

大凡作戰的原則是：上下的等級職位要嚴格，軍內的紀律法規要嚴肅，戰鬥的兵力行動要輕靈捷速，將士的氣度舉止要沈靜安詳，眾人的戰鬥意志要一心一德。

凡戰之道，等道義❶，立卒伍❷，定行列，正縱橫，察名實。立進俯，坐❸進跪。畏則密，危則坐。遠者視之則不畏，邇者勿視則不散。位下左右，下甲❹坐，誓徐行之。位逮徒甲，籌以輕重❺。振馬譟❻，徒甲畏，亦密之；跪坐、坐伏，則膝行而寬誓之。起，譟鼓而進，則以鐸❼止之。銜枚❽誓糗❾，坐，膝行而推之。執戮禁顧❿，譟以先之。若畏太甚，則勿戮殺，示以顏色，告之以所生⓫，循省⓬其職。

【章旨】

進攻作戰，首先要有明確的等級、整齊的編組和有利的隊形。靈活採取立進或坐進的前進方式，協調一致，聽從指揮。將帥應適時採取言辭告誡或軍法從事的手段，勉眾向前，奮勇殺敵。

【注釋】

❶等道義　謂按道義標準把人員分成等級，授予相應的職位。

❷卒伍　古代軍隊編制，百人為卒，五人為伍。這裡泛指軍隊各級的編制。

❸坐　古代坐的姿勢是兩膝著地，臀部壓在腳後跟上。

❹下甲　未詳。或說猶言屯駐軍隊。

❺籌以輕重　根據輕重緩急的不同情況，安排士卒在陣中的位置。籌，策劃；安排。

❻振馬譟　指驚馬嘶鳴。振，通「震」。驚懼；驚恐。譟，同「噪」。喧嘩。

❼鐸　古樂器。形如大鈴，有柄有舌，振舌發聲。宣布教令或有戰事時用之。

❽銜枚　古代進軍襲擊敵人時，常令士兵把枚銜在口中，以防喧嘩。枚，形如箸，兩端有帶，可繫於頸上。

❾誓糗　孫詒讓《札迻》卷十云：「案：『誓糗』不可通，疑『糗』當為『具』。『誓具』，謂戒其具備也。」譯文從孫說。

⑩顧　回頭看。這裡指猶豫觀望，顧盼不前。
⑪所生　用來求生的辦法。
⑫循省　巡視、檢查。

【語譯】

大凡作戰的方法是：要以道義為依據把人員分成等級，(授予相應的職位)，建立軍隊的各級編制，規定將士在行列中的位置，調整縱、橫隊列的方向，檢查名與實是否相符。戰士採用立陣時前進要彎腰，採用坐陣時前進用膝行。隊伍有畏懼心理時，隊形要密集；遇到危急情況時，應採取坐勢以迎戰。對遠處的敵人，觀察清楚了就不會懼怕；敵人已在近處，要一意作戰，不去觀望，以免分散戰鬥力。士卒在陣中的位置，按前後左右分布。屯兵駐止時，要採用坐陣；誓師後從容不迫向前推進。隊伍中，包括步兵和甲士，都要根據輕重緩急的不同情況，安排其具體站位和作戰分工。如果驚馬嘶鳴，士兵畏懼，也應該密集兵力，採用跪坐或坐伏的姿勢，將領則膝行前往，用寬和的言辭告誡他們。戰士起立，高聲吶喊，擂鼓發動進攻；需要時，則用鐸聲命令停止。進擊之時，口中銜枚以防喧囂，將領告誡部下作好準備，採用坐勢，膝行推進。兩軍交戰之時，要用誅殺來禁阻顧盼觀望者，並高聲喝令，讓士卒爭先殺敵。如果有人畏敵太甚，就不要再行殺戮，而應和顏悅色地告訴他求生之法，並巡視其所擔任之職位。

凡三軍❶，人戒分日❷，人禁不息❸，不可以分食。方其疑惑，可師可服。

【章　旨】

三軍行動，懲戒兵眾、監禁士兵時限要短，攻敵要出其不備。

【注　釋】

❶三軍　周制，諸侯大國多設三軍。中軍最尊，上軍次之，下軍又次之。引申為軍隊的統稱。這裡用引申義。

❷人戒分日　人，指兵眾。戒，懲戒；警戒。分日，半日。

❸人禁不息　人禁，謂監禁、拘押士兵。禁，監禁。不息，不超過一息（的時間）。息，即一息，指一呼一吸，比喻極短的時間。

【語譯】

三軍作戰，懲戒兵眾，以半天為限；監禁士兵，不超過一息的時間，不能用減少食物來作為懲罰。要乘敵人疑惑不定的時候，出師襲擊，征而服之。

凡戰，以力久，以氣勝，以固久，以危勝❶，本心❷固，新氣勝，以甲固，以兵勝。

【章　旨】

兵力充實，士氣旺盛，陣容穩固，善用武器，是勝敵之道。

【注　釋】

❶以危勝　意謂置軍隊於危險境地，就可以下定決心，死戰求勝；亦即兵法所謂「置之死地而後生」的意思。

❷本心　指士卒樂用願戰之心。

【語　譯】

凡是作戰，憑著充實的兵力就能持久，靠著旺盛的士氣就能取勝；防守堅固就能持久，軍隊處於危境就能取勝。將士樂於求戰陣營就能穩固，隊伍蓬勃向上戰鬥就能取勝。

用盔甲鞏固防禦，用兵器戰勝敵人。

凡車以密固，徒以坐固，甲以重固，兵以輕勝。

【章旨】

戰車、步兵各有固陣之道，鎧甲、兵器特點有別。

【語譯】

凡是戰車，都以密集隊形為最堅固；步兵，則以採取坐陣為最穩固；鎧甲以堅實厚重為牢固，兵器以輕巧應手為最佳。

人有勝心，惟敵之視❶。人有畏心，惟畏之視❷。兩心❸交定，兩利若一，兩為之職❹，惟權視之。

【章旨】

知己知彼，方能百戰不殆。指揮官要善於分析敵我雙方的情況，把握全局。

【注釋】

❶人有勝心二句　是說我軍已有求勝之心，但還必須觀察、研究敵情，審時度勢，避實就虛。人，指我方部隊。視，觀察；審視。

❷人有畏心二句　是說我軍有畏懼之心，就要注意了解他們究竟畏懼什麼？古人認為：士卒「畏將勝於畏敵者勝，畏敵勝於畏將者敗」。也就是說，戰士害怕將領超過害怕敵人的就能取勝，反之則會失敗。畏心，畏懼之心。

❸兩心　指「勝心」和「畏心」。

❹兩為之職　謂對敵我雙方的情況都掌握、了然於胸。職，主宰；掌管。引申指掌握。

【語譯】

我軍戰士已有求勝之心，但祇有仔細觀察、研究敵情以後纔可能做到求勝。我軍戰士有畏懼的心理，就必須注意了解他們到底畏懼什麼？求勝之心和畏懼之心都確定無疑，這兩方面的利害關係都看待如一。而對這兩方面的情況都了然於胸，則全都在於將帥的權衡利弊和審時度勢。

凡戰，以輕行輕❶則危，以重行重❷則無功，以輕行重則敗，以重行輕則戰，故戰相為輕重。

【章旨】

輕和重，是古代軍事用語上一組相對性的範疇，輕重關係處理得當就能獲勝，反之則否。

【注　釋】

❶以輕行輕　用小兵力對付小兵力。兩個「輕」都是指兵力輕、人員少。

❷以重行重　用大兵力對付大兵力。「重」都指兵力重、人員多。

【語　譯】

凡是作戰，用小兵力對付小兵力就可能有危險，用大兵力對付大兵力則會無功而返，用小兵力對付大兵力就將招致失敗，用大兵力對付小兵力則會一戰而捷，所以作戰是雙方兵力輕重的對比和較量。

舍❶謹兵甲，行慎行列，戰謹進止。

【章　旨】

駐紮、行軍和作戰都要謹慎，不可大意。

【注　釋】

❶舍　屯兵；駐紮。

【語　譯】

駐守時要注意衣甲兵器的安放，行軍時要注意隊伍行列的整齊，作戰時要注意進止有節，適時而動。

凡戰，敬則慊❶，率❷則服。上煩輕，上暇重。奏鼓輕，舒鼓重。服膚❸輕，服美❹重。

【章旨】

將帥要尊重部下，身先士卒，具有大將風度。鼓聲、服飾和行動有直接聯繫。

【注釋】

❶慊　滿足；滿意。

❷率　作表率；成為榜樣。

❸膚　（質地）輕薄。

❹美　（質地）厚重。

【語譯】

凡是作戰，將帥恭敬待下就會讓士兵滿意，以身作則則能使戰士服從指揮。上級政令煩雜士兵就會輕率行動，政令有間歇講節制戰士就能遇事持重。進攻時擊鼓迅急就是號令疾速前進，擊鼓舒緩則是號令緩攻徐進。服飾輕而薄將士行動就便捷，服飾厚且重將士行動就遲鈍。

凡馬車堅，甲兵利，輕乃重。

【章旨】

輕與重在一定條件下可以轉化。

【語譯】

凡是馬健車堅，甲胄兵器精良，則雖是小兵力，也能發生大兵力的作用。

上同無獲，上專多死，上生❶多疑，上死❷不勝。

【章旨】

同、專、生、死是將帥領兵的四忌。

【注釋】

❶生　指貪生怕死。

❷死　指拚死鑾戰。

【語譯】

主將識見與眾人等同，就不會取得戰功。主將一味專橫獨斷，戰士就會多所犧牲。主將貪生怕死，缺乏勇氣，部下就會疑慮重重。主將衹知拚死鑾戰，有勇無謀，就不能奪取戰爭的勝利。

凡人，死愛❶，死怒，死威，死義，死利。凡戰之道，教約人輕死❷，道約人死正。

【章旨】

士卒拚死效命有多種原因，將帥應善用教令和道義去約束他們。

【注釋】

❶死愛 為（被）愛而死。下四句句法相同。

❷輕死 不怕死。輕，看輕；不怕。

【語譯】

人們有為受到愛護而獻身的，有因激怒而拚命的，有被威逼而拚死的，有因講義氣而捐軀的，有為貪利而喪命的。通常作戰的規律是，用教令約束民眾，就能使他們不怕死；用道義約束民眾，就能使他們甘願為正義而犧牲。

凡戰，若❶勝，若否，若天，若人。

【章旨】

戰爭有勝即有負，有天時也有人和。

【注釋】

❶若　或；或者。

【語譯】

凡是作戰，或者勝利，或者失敗，或者憑藉天時，或者依靠人和。

凡戰，三軍之戒，無過三日；一卒之警❶，無過分日；一人之禁，無過皆息❷。

【章旨】

戰時，對部隊、士兵的警戒、監禁均有時限規定，不得超過。

【注釋】

❶警 警戒。

❷皆息 未詳。「皆」有相同義，疑「皆息」義猶「一息」，喻極短暫的時間。或曰：「皆」當作「瞬」。

【語譯】

凡是戰時，對三軍的告誡命令不要超過三天，對兵眾的警戒訓令不要超過半天，對一人的監禁拘押不要超過一息的時間。

凡大善用本❶，其次用末❷。執略❸守微❹，本末唯權，戰也。

【章旨】

凡戰，智取為上，力取次之。權衡利弊，決定策略。

【注釋】

❶本　根本。這裡指智謀、謀略。

❷末　非根本的；次要的。這裡指攻伐、征戰。

❸略　概要；大略。

❹微　細微；瑣細。

【語譯】

在戰爭中，最好的方法是以謀略取勝，其次纔是以攻戰取勝。將帥理應掌握大局，分析具體情況，在權衡利弊後決定是智取還是力勝，這就是作戰的基本道理。

凡勝，三軍一人勝❶。

【章旨】

主將在戰爭中可以起到奪取勝利的決定性作用。

【注釋】

❶三軍一人勝　這句話有兩種解釋：一種是說三軍團結得像一個人一樣就能取勝；另一種是

說三軍取勝之道，在於統帥一人。譯文從後說。

【語譯】

凡是勝利，都是由於三軍統帥的正確指揮而取得的。

凡鼓，鼓旌旗，鼓車，鼓馬，鼓徒，鼓兵，鼓首❶，鼓足❷，七鼓兼齊。

【章旨】

旗鼓是師之耳目，三軍作戰，應當備齊七種鼓法。

【注釋】

❶鼓首　指用鼓聲調整隊列、整齊隊形。

❷鼓足　指用鼓聲指揮前進停止、起坐行動。

【語　譯】

凡是擂鼓進擊的鼓聲，有用來指揮旌旗開合的，有用來指揮兵車驅馳的，有用來指揮馬馳騁的，有用來指揮步兵前進的，有用來指揮調度武器裝備的，有用來指揮整齊隊形的，有用來指揮起坐行動的。這七種鼓法都必須兼備齊全。

凡戰，既固勿重❶。重進❷勿盡，凡盡危。

【章　旨】

用兵打仗不是多多益善，要留有餘地。

【注釋】

❶重　指加強兵力。

❷重進　以重兵力進擊。

【語譯】

凡是作戰，已經堅固的陣容不要再加強。用重兵力進擊敵軍；不要把全部兵力一次用盡，凡是把兵力用盡了的就容易發生危險。

凡戰，非陳之難，使人可陳❶難；非使可陳難，使人可用難；非知之難，行之難。

【章　旨】

理論必須聯繫實際。訓練士卒，應該注重培養他們實際運用的能力。

【注　釋】

❶可陳　（掌握）可以用來布陣的方法。

【語　譯】

凡是作戰，不是布陣難，而是使士兵掌握可以用來布陣的方法難；不是使士兵掌握可以用來布陣的方法難，而是讓他們能夠靈活運用難；不是懂得理論難，而是實際運用難。

人方有性❶，性州異，教成俗，俗州異，道化俗。

【章旨】

各人有各人的秉性，各地有各地的風俗，要善於化導之。

【注釋】

❶性　秉性；性格。

【語譯】

不同地方的人各有其不同的秉性，這些秉性隨著州郡的不同而有別，經過教化可以使民性變成風俗習慣。風俗習慣也是各州不同，通過道德的教化就可以做到移風易俗。

凡眾寡，若勝若否。兵不告❶利，甲不告堅，車不告固，馬不告良，眾不自多❷，未獲道。

【章旨】

用兵之道，兵甲要堅利，車馬要優良，人員要充實，反之則為未獲道。

【注釋】

❶告　諭告；吩咐。特用於上對下。後作「誥」。

❷自多　自己設法增多。

【語譯】

凡是戰爭，用兵有多有少，或者取得勝利，或者遭受失敗。作為統帥，如果對下級兵器不吩咐要鋒利無比，盔甲不吩咐要堅韌耐用，車輛不吩咐要結實牢固，戰馬不吩咐要優良善騎，兵眾不自己設法去擴充、增多，這都是沒有掌握用兵之道的表現。

凡戰，勝則與眾分善；若將復戰，則重賞罰。若使不勝，取過在己。復戰，則誓己❶居前，無復先術❷，勝否勿反❸，是謂正則。

【章　旨】

作為戰鬥指揮官，勝利成果要與眾人分享，失利過咎要獨自承擔；再戰時要身先士卒，改變戰術。

【注　釋】

❶已 同「以」。

❷先術 上次使用的戰術。

❸反 違背；違反。

【語譯】

凡是作戰，取得勝利了，將帥就應當與眾人分享功勞。如果要繼續再戰，就要加重賞罰。如果沒有取得勝利，將帥應該引咎自責。再戰時，將帥就要誓誡鼓氣，並身先士卒，不再使用前次用過的戰術。無論勝敗都不要違反這個原則，這是正確的原則。

凡民，以仁救，以義戰，以智決，以勇鬥，以信專❶，以利勸，以功勝。故心中❷仁，行中義。堪❸物智也，堪大勇也，堪久信也。

讓以和，人自洽❹，自予以不循❺，爭賢❻以為人，說其心，效其力。

【章旨】

用民之道，在於用仁義解救他們，用智勇引導他們，用功利勉勵他們，以取得其信任。謙遜待人，讓譽擔過，就能贏得民心。

【注釋】

❶專　專心致志；心不二用。

❷中　符合；合乎。

❸堪　勝任；能承擔。這裡指掌管、治理。

❹洽　諧和；融洽。

❺自予以不循　即以不循自予，就是把過錯留給自己的意思。自予，給自己。不循，指因不循常規而犯的過失、錯誤。

❻爭賢　爭著以賢人為榜樣，爭做賢人。

【語譯】

對所有的國民百姓，執政者要用仁愛去解救他們的苦難，用忠義去激發他們為國而戰，用智慧來判斷他們的功過，用勇敢來率領他們去戰鬥，用誠信來使他們志向專一，用財富來勉勵他們去效力，用功勳來鼓舞他們去取勝。所以執政者的心志要合乎仁愛，行為要合乎道義。掌管萬物要靠智慧，處理大事要靠勇氣，使國家長治久安要靠誠信。為政謙遜而和藹，人心自然就融洽了；把過錯的責任留給自己來承擔，使民眾取法前賢，以為處世之準則；悅服民眾之心，使他們樂於為國效力。

凡戰，擊其微靜❶，避其強靜❷。擊其倦勞，避其閑❸窕❹。擊其大懼，避其小懼❺，自古之政也。

【章　旨】

作戰的要旨在於擊弱襲疲，避實就虛，不打無把握之仗。

【注　釋】

❶微靜　指兵力弱小而故作鎮靜之敵。

❷強靜　指兵力強大而又冷靜沈著之敵。

❸閑　寧靜；安閑。

❹窕　輕捷的樣子。

❺小懼　指行動謹慎、有所戒備之敵。

【語　譯】

凡是作戰，要攻擊兵力單薄而故作鎮靜的敵人，避開兵力強大而冷靜沈著的敵人。攻擊疲勞倦怠的敵人，避開安閑輕捷的敵人。攻擊恐慌大亂的敵人，避開有所警戒的敵人，這些都是自古以來帶兵作戰的方法。

用眾第五

【題解】

〈用眾〉同樣是以篇首之句為名的。用眾，就是用大兵力作戰的意思。用兵的眾寡問題是古時兵家特別注意的問題之一，《孫子・謀攻》就說：「識眾寡之用者勝。」本篇主要闡述了「用眾」和「用寡」的方法，並進而論述了選擇戰場、觀察敵情、追趕逃敵和鞏固軍心等問題。

凡戰之道，用寡固，用眾治；寡利煩❶，眾利正。用眾進止，用寡進退。眾以合寡❷，則遠裹❸而闕❹之。若分而迭❺擊，寡以待眾，若眾疑之，則自用之。擅利❻則釋旗，迎而反❼之。敵若眾，則相眾而受裹；敵若寡若畏❽，則避之開之。

【章旨】

用兵之法，或眾或寡。眾與寡本是客觀存在，而高明的將領能夠辯證施治，靈活處理：既能用眾，也能用寡；既能以眾攻寡，也能以寡擊眾，善於化劣勢為優勢，變被動為主動。

【注釋】

❶煩　指戰術多樣，變化頻繁。

❷合寡　擊寡；戰寡。合，交戰。

❸遠裹　從遠處形成包圍。裹，包圍。

❹闕　同「缺」。這裡指留出缺口。

❺迭　交替；輪番。

❻擅利　謂占據有利地形。

❼反　反擊；反攻。

❽畏　指畏懼覆滅。有這種心理的敵軍容易狗急跳牆，拚死頑抗。

【語　譯】

指揮作戰的一般原則是：用小部隊作戰，應力求營陣穩固；用大部隊作戰，應力求嚴整不亂。兵力弱小有利於變化多端，出奇制勝；兵力強大有利於堂堂正正，按常規攻戰。指揮大部隊時要能進能止，指揮小部隊時要善於進退。若用優勢兵力來打少數敵軍，就應遠遠地形成包圍，給敵軍留個撤退的缺口。若分兵輪番襲擊敵人，就要以少戰多；如敵眾而士卒有疑懼之心，則我應採用非常規戰術，戰而勝之。對占據了有利地形的敵軍，就丟棄旗幟，假裝敗退以誘敵，然後迎頭反擊。如果敵軍眾多，就應審察敵情，準備在被包圍的情況下作戰。如果敵軍人少並害怕被殲，就應避其鋒芒，開其生路，（再找機會消滅它）。

凡戰，背風背高，右高左險，歷沛❶歷圮❷，兼舍環龜❸。

【章　旨】

作戰地形，應選擇背風靠山，居高據險之處。

【注　釋】

❶歷沛　指快速通過。歷，經過；通過。沛，有水有草的地方；沼澤地。

❷圮　坍塌；崩塌。這裡指崩塌之處，作名詞用。

❸環龜　就是四周有險可守，中間較高的地形。環，指四面環繞著險要地形。龜，指四邊低下、

中間隆起。

【語譯】

凡是作戰，戰場應選擇在背著風向、背靠高地的地方；右邊有高山依托，左邊有險要可據；經過水草多的沼澤地和傾頹崩塌之處，要快速通過，不可停留，駐紮地要選擇四面環險可守、中間較高的地形。

凡戰，設❶而觀其作，視敵而舉。待則循而勿鼓❷，待眾之作。攻則屯而伺之。

【章旨】

作戰時敵動我動，隨機應變，後發制人。

【注釋】

❶設 陳列隊伍，擺開陣勢。

❷待則循而勿鼓 待，謂敵軍有備而待我。循，指根據這個情況。鼓，發動進攻。

【語譯】

凡是作戰，先擺開陣勢，察看敵軍的動向，根據敵軍的舉動，再採取相應的行動。如果敵軍有準備而等我進攻，則我軍要根據這個情況（靈活處理），而不急於發動進攻，要等待觀察敵軍主力的行動。如果敵軍來攻，我方就要集中兵力，尋找戰機與之決戰。

凡戰，眾寡以觀其變，進退以觀其固，危而觀其懼，靜而觀其怠，動而觀其疑，襲而觀其治❶。擊其疑，加其卒❷，致其屈❸，襲其規❹。

因其不避❺，阻其圖，奪❻其慮，乘其懾。

【章旨】

戰前，以眾寡、進退、動靜等試探敵陣，察其虛實變化，捕捉戰機；然後「擊其疑」、「加其卒」，抓住敵軍的弱點展開攻擊，粉碎敵軍的企圖。

【注釋】

❶治　治軍情況。

❷卒　通「猝」。突然；倉猝。

❸屈　指力量受阻，施展不開。

❹規　指規矩整齊的敵陣。

❺不避　指敵軍不避我軍鋒芒，敢於冒險迎戰。

❻奪　改變；更改。

【語　譯】

凡是作戰，要先派遣或多或少的兵力去試探敵軍，以觀察它的應變情況。用忽進忽退的行動，來觀察它的營陣是否鞏固。逼近威脅敵人，察看它的畏懼情形。對峙時按兵不動，察看它是否懈怠疏忽。調動部隊佯攻，察看它是否疑惑。偷襲敵軍，察看它的治軍情況。利用敵人疑惑不定時打擊它，乘著敵人倉猝無備時進攻它，使其戰鬥力無法施展；襲擊敵人規整的陣營，打亂它的部署。利用敵人冒險輕進的機會，阻止它實現其圖謀，改變它原來的計畫，乘它恐懼動搖時加以攻擊。

凡從奔❶勿息。敵人或止於路，則慮之。

【章旨】

對逃敵應窮追不捨，但也須提防中其埋伏。

【注釋】

❶從奔 從，追逐；追趕。奔，指潰逃的敵軍。

【語譯】

凡是追擊潰逃之敵時，一定不要停下來，(要窮追不捨)。但敵人如果在中途止息，就要慎重考慮其是否有詭計企圖了。

凡近敵都，必有進路；退，必有反慮❶。

【章旨】

敵都必有重兵把守，進退都須預先考慮。

【注釋】

❶反慮　如何返回的打算。反，同「返」。

【語譯】

凡是迫近敵國都城的時候，一定要事先選好進軍路線；撤離的時候，也必須預先考慮好如何返回的方案。

凡戰，先則弊，後則懾，息則怠，不息亦弊，息久亦反其懾。

【章旨】

如何掌握行動與休息的時機是一門學問，小看不得。

【語譯】

凡是作戰，過早地先敵而動，就會使士兵疲憊困乏；行動過晚，就會使士兵恐懼害怕。只注意休息，就會使軍心懈怠渙散；總不休息，也會使將士疲憊不堪；休息過久，又反而會使士兵產生怯戰心理。

書❶親絕，是謂絕顧❷之慮。選良次兵❸，是謂益人之強。棄任❹節食，是謂開人之意。自古之政也。

【章　旨】

戰士征戰在外，須絕其思家之心，而立其死戰之志。

【注　釋】

❶書　書信。

❷顧　思念家鄉，眷戀親人。

❸次兵　未詳。或曰：即持授兵器之意。譯文姑從之。

❹任　指挑負的輜重物品。

【語　譯】

征戰在外，要禁絕士兵和親人的所有通信往來，以阻斷他們思戀家鄉親人的念頭。

挑選英勇善戰的良士，並授其精銳武器，以增強部隊的戰鬥力。拋棄攜帶的裝備、物品，節制帶糧，以激發士兵決一死戰的決心。這些，都是自古以來治軍打仗的方法。

附錄

《司馬法》逸文

春不東征，秋不西伐，月食班師，所以省戰。

軍中之樂，鼓篴為上，使聞者壯勇而樂和。細絲豪竹，不可用也。

夏后氏謂輦曰余車，殷曰胡奴車，周曰輜輦。輦有一斧、一斤、一鑿、一梩、一鋤。周輦加二版二築。夏后氏二十人而輦，殷十八人而輦，周十五人而輦。說者以為夏出師不踰時，殷踰時，周歷時，故前世輦少，後世輦多。

夏執玄戉，殷執白戉，周左杖黃戉，右秉白旄所以示不進者。審察斬殺之戉也，有司背執殳戈，示諸鞭朴之辱。

六尺為步，步百為畝，畝百為夫。夫三為屋，屋三為井，四井為邑，四邑為丘，丘有戎馬一匹、牛三頭，是曰匹馬丘牛。四丘為甸，甸六十四井，出長轂一乘，馬四匹，牛十二頭，甲士三人，步卒七十二人，戈楯具，謂之乘馬。

成方十里，出革一秉。

六尺為步，步百為晦，晦百為夫，夫三為屋，屋三為井，井十為通，通為匹馬。三十家士一人，從二人。通十為成，成百井。三百家革車一乘，士十人，從二十人。十成為終，終千井。三千家革車十乘，士百人，從二百人。十終為同，同方百里，萬井。三萬家革車百乘，士千人，從二千人。

春以禮朝諸侯，圖同事。夏以禮宗諸侯，陳同謀。秋以禮覲諸侯，比同功。冬以禮遇諸侯，圖同慮。時以禮會諸侯，施同政。殷以禮見諸侯，發同禁。

五人為伍，十伍為隊。一軍凡二百五十隊，餘奇為握奇。故一軍以三千七百五十人為奇兵，隊七十有五，以為中壘守地。六千尺積尺得四里，以中壘四面乘之，一面得地三百步。壘內有地三頃，餘百八十步，正門為握奇，大將軍居之。六纛五麾，金鼓府藏輜積皆中壘外，餘八千七百五十人，隊百七十五，分為八陳，六陳各有千九十四人，六陳各減一人，以為一陳之部署。舉一軍，則千軍可知。

一車甲士三人，步卒七十二人，炊家子十人，固守衣裝五人，廄養五人，樵汲五人。輕車七十五人，重車二十五人。故二乘兼一百人為一隊。舉十萬之眾，則革車千乘，校其費用支計，則百萬之眾皆可知也。

五人為伍，五伍為隊。萬二千五百人，為隊二百五十，十取三焉，而為其餘七以為正，四奇四正而八陳生焉。

王國百里為郊，五十里為近郊，百里為遠郊。

王國百里為郊，二百里為州，三百里為野，四百里為縣，五百里為都。

二百里、三百里其上大夫如州長。四百里、五百里其下大夫如縣正。

大都，五百里為都。

百人為卒，二十五人為兩，車九乘為小偏，十五乘為大偏。

五十乘為兩，百二十五乘為伍。

八十一乘為專，二十九乘為參，二十五乘為偏。

萬二千五百人為軍。

十人之帥執鈴，百人之帥執鐸，千人之帥執鼓，萬人之將執大鼓。

謀帥篇曰：大前驅啟，乘車大晨，倅車屬焉。

天子之園方百里，公侯十里，伯七里，子男五里，皆取一也。

周制：畿內用夏之貢法，稅去無公田。

鼓聲不過閶，鼙聲不過闒，鐸聲不過琅。

或起甲兵，以征不義，廢貢職則討，不朝會則誅，亂嫡庶則縶，

變禮刑則放。

將軍死綏。

明不寶咫尺之玉，而愛寸陰之旬。

昏鼓四通為大鼜，夜半三通為晨戒，旦明五通為發昫。其有隕命以行禮如會，所用儀也。若隕命，則左結旗，司馬授飲，右持苞壺，左承飲以進。

上謀下鬥，圍其三面，闕其一面，所以示生路也。

兵者詭道，故能而示之不能。

善守者藏於九地之下，善攻者動於九天之上。

登車不式，遭喪不服。

見敵作誓，瞻功作賞。

一師五旅，一旅五卒。

上卜下謀，是謂參之。

血于鼙鼓者，神戎器也。

從遯不過三舍。

上多前虜。

閫外之事，將軍裁之。

斬以徇。

師多則人讀。

載獻聝，聝者耳。

善者忻民之善，閉民之惡。

小辠眣，中辠刖，大辠剄。

晨夜內鈀車。

騑衛斯輿。

執羽从杸。

窮寇勿追，歸眾勿迫。

進退維時，無曰寡人。

火攻有五。

始如處女。

輦車所載二畚。

人故殺人，殺之可也。

新氣勝舊氣。

攻城者，攻其所產。

攻城者，攻其所傃。

《周禮・夏官・大司馬》

大司馬之職，掌建邦國之九灋，以佐王平邦國：制畿封國，以正邦國；設儀辨位，以等邦國；進賢興功，以作邦國；建牧立監，以維邦國；制軍詰禁，以糾邦國；施貢分職，以任邦國；簡稽鄉民，以用邦國；均守平則，以安邦國；比小事大，以和邦國。以九伐之灋正邦國：馮弱犯寡則眚之，賊賢害民則伐之，暴內陵外則壇之，野荒民散則削之，負固不服則侵之，賊殺其親則正之，放弒其君則殘之，犯令陵政則杜之，外內亂鳥獸行則滅之。

【語譯】

大司馬的職掌是，掌管建立邦國的九法，以輔佐王統理邦國：制定領地，在邊疆立封界，以劃定各邦國的範圍；制定禮儀，分別諸侯的朝位，使各邦國有尊卑的等級秩序；選拔賢能有功的人才擔任官職，使邦國人民都能樂業向善；諸侯有功德的任命為州牧，又設國君督導各諸侯國，以維繫邦國與中央的關係；設立軍隊，嚴厲執行禁令，以糾正各邦國的過失；訂定貢物和賦稅收取的標準，在各邦國有能力負擔的原則下徵收；盤查計算各國居民的人口數，以備有事徵發之用；根據尊卑大小的等差原則分配封地，以安定邦國之間的爭執；使大國親小國，小國事大國，以和諧邦國之間的關係。以「九伐之法」來制裁違抗王命的諸侯：諸侯國有強凌弱、大欺小的，就削減他的封地；有殺害賢者，危及百姓的，就大舉出兵聲討；暴虐人民，欺侮鄰國的，就撤廢國君，另立新君；田地荒蕪，人民流離失所，就削減他的封地；憑仗有險可守，不遵從大國約束的，就出兵進入其國境；殺害親族的，就逮捕他治罪。人臣有放逐和弒君的，就誅殺他；有違抗命令，藐視法令的，就斷絕他和鄰國的外交關係；違悖人倫的內外關係，行為同禽獸一般無禮者，就誅滅他。

正月之吉，始和，布政于邦國都鄙，乃懸政象之灋于象魏，使萬民觀政象，挾日而斂之。乃以九畿之籍施邦國之政職：方千里曰國畿，其外方五百里曰侯畿，又其外方五百里曰甸畿，又其外方五百里曰男畿，又其外方五百里曰采畿，又其外方五百里曰衛畿，又其外方五百里曰蠻畿，又其外方五百里曰夷畿，又其外方五百里曰鎮畿，又其外方五百里曰蕃畿。凡令賦，以地與民制之。上地，食者參之二，其民可用者家三人；中地，食者半，其民可用者二家五人；下地，食者參之一，其民可用者家二人。

【語譯】

正月朔日，開始宣達，把政令傳布到各邦國都鄙，並把大司馬所掌的官法政令公開張貼，讓民眾可以閱覽，公告十日後才收起來。再根據記載九等領地的簿冊，要求各邦國按職等提供賦稅：地方千里的是王的國畿；國畿外方五百里的是侯畿；侯畿外方五百里的是甸畿；甸畿外方五百里的是男畿；男畿外方五百里的是采畿；采畿外方五百里的是衛畿；衛畿外方五百里的是蠻畿；蠻畿外方五百里的是夷畿；夷畿外方五百里的是鎮畿；鎮畿外方五百里的是蕃畿。凡徵收軍賦，應根據土地肥沃程度與人民數目的多寡作基準，上等土地，每三頃地中可以每年種兩頃，只有一頃休耕，每家可以提供的勞力是三人；中等土地，可以耕種的土地比率是二分之一，每兩家可提供五人的勞動力；下等土地，可以耕種的土地比率是三分之一，每家可提供的勞動力是兩人。

中春，教振旅，司馬以旗致民，平列陳，如戰之陳，辨鼓鐸鐲鐃之用：王執路鼓，諸侯執賁鼓，軍將執晉鼓，師帥執提，旅帥執鼙，卒長執鐃，兩司馬執鐸，公司馬執鐲。以教坐作進退疾徐疏數之節，遂以蒐田，有司表貉誓民。鼓，遂圍禁，火弊，獻禽以祭社。

【語譯】

仲春的時侯實施軍事訓練，司馬立旗聚集民眾，整齊排列的隊形，如同作戰時的陣勢一般。分辨鼓、鐸、鐲、鐃的用法：王持路鼓，諸侯拿賁鼓，軍將用晉鼓，師帥執鼙鼓，卒長持鐃，兩司馬拿鐸，伍長用鐲。教導民眾跪坐、起立、前進、後退、快步、慢步、疏散、密集等戰陣基本動作。接著進行春季的田獵活動，主管官員樹立表幟舉行軍祭，宣誓遵守田獵的禁令規則，然後擊鼓，圍起藩籬進行田獵，並用火清除野草，等到草除火滅，便停止田獵，繳出捕獲的禽獸用來祭社。

中夏，教茇舍，如振旅之陳。群吏撰車徒，讀書契，辨號名之用：帥以門名，縣鄙各以其名，家以號名，鄉以州名，野以邑名，百官各象其事，以辨軍之夜事，其他皆如振旅。遂以苗田，如蒐之灋，車弊，獻禽以享礿。

【語譯】

仲夏，教導民眾野外宿營的方法，隊形和仲春的軍事訓練一樣。各官吏計算車輛與隨車的徒步兵員數目，清點帳冊記載的物資與實際情況是否相符，分辨各種徽幟的用法：軍將的徽幟，就和在國門上樹立的徽幟一樣；縣鄙以其名稱作徽幟，有采地的以其封號作徽幟；國中的鄉，各以州名作徽幟，城外的野，就以其邑名作徽幟，百官各以其職掌作徽幟，作為夜宿警戒時辨別之用。其他方面都和仲春訓練時一樣。接著進行夏季田獵，方式和春獵一樣，但不用火而用車驅趕禽獸，車停止不進，便結束田獵，繳出所獲的禽獸用於宗廟的夏祭。

中秋，教治兵，如振旅之陳，辨旗物之用：王載大常，諸侯載旂，軍吏載旗，師都載旜，鄉遂載物，郊野載旐，百官載旟，各書其事與其號焉，其他皆如振旅。遂以獮田，如蒐田之灋，羅弊，致禽以祀祊。

【語譯】

仲秋，教導民眾練習作戰，排列的隊形和春季軍事訓練一樣，分別各種旗的功用：王用大常，諸侯用旂，各軍帥用旗，遂大夫用旜，鄉大夫用稱為「物」的帛旗，鄉遂的州長縣正以下和公邑大夫用旐，卿大夫用旟。旗上各寫明其職事和名號，其他方面都和春季訓練一樣。接著進行秋季田獵，方式大致上和春季田獵一樣。秋獵主要用網羅捕獵，網羅收起，便結束田獵，所獲的禽獸繳出用以祭四方神。

中冬，教大閱。前期，群吏戒眾庶，修戰灋，虞人萊所田之野，為表，百步則一，為三表，又五十步為一表。田之日，司馬建旗于後表之中，群吏以旗物鼓鐸鐲鐃，各帥其民而致，質明，弊旗，誅後至者。乃陳車徒，如戰之陳，皆坐。群吏聽誓于陳前，斬牲以左右徇陳曰：「不用命者斬之。」中軍以鼙令鼓，鼓人皆三鼓，司馬振鐸，群吏作旗，車徒皆作，鼓行，鳴鐲，車徒皆行，及表乃止。三鼓，摝鐸，群吏弊旗，車徒皆坐。又三鼓，振鐸，作旗，車徒皆作，鼓進，鳴鐲，車驟徒趨，及表乃止，坐作如初。乃鼓，車馳徒走，及表乃止。鼓戒三闋，車三發，徒三刺。乃鼓退，鳴鐃，且卻，及表乃止，坐作如初。遂以狩田，以旌為左右和之門。群吏各帥其車徒，以敘和出。左右陳車徒，有司平之。旗居卒間以分地，前後有屯百步，有司巡其前後。險野，人為主。易野，車為主。既陳，乃設驅逆之車，有司表貉于陳前。中軍以鼙令鼓，鼓人皆三鼓，群司馬振鐸，車徒皆作，遂鼓行，徒銜枚而進。大獸公之，小禽私之，獲者取左耳。及所弊，鼓皆駴，車徒皆譟。徒乃弊，致禽饁獸于郊。入，獻禽以享烝。

【語譯】

仲冬，舉行大閱兵。在閱兵之前，鄉師以下各級官吏事先訓戒所屬人民，練習戰法。虞人清除田獵及閱兵的場地，設立表幟，隔一百步設一個，兩百步的長度共設三個表幟，又五十步再設一表幟。田獵當天，司馬在最後兩個表幟的中間立旗（旗距離第一表二百二十五步），各級官吏以他們的旗幟、鼓、鐸、鐲、鐃等信物，各率領所屬民眾來集合。天一亮，放下旗幟，誅殺遲到的人。接著排列兵車與隨車徒兵，如同作戰的隊形，然後命令他們坐下，各級長官到隊伍前面聽誓辭，斬殺犧牲遍示所有人員，告訴他們：「違抗命令的處斬。」中軍將用鼙鼓發出號令，鼓人擊三通鼓，司馬鳴鐸命令人員起立，各級長官舉起旗幟，車兵和步兵都起立，再擊鼓，再鳴鐲，車兵徒兵都前進，到表幟的所在才停止。第三次擊鼓，掩鐸而搖，表示停止，各級長官放下旗幟，車兵徒兵都坐了下來。再一次擊鼓三通，鳴鐸，立起旗幟，車兵徒兵都起立，鼓聲命令前進，並鳴鐲，車輛急行，步兵快步前進，到表幟處才停下，如同以前一樣坐下、起立。再擊鼓，車輛奔馳，步兵疾跑，到表幟處才又停下，命令攻擊的鼓聲擊出三通，車上乘員發射三矢，步兵持戈矛擊刺三下，然後才擊鼓表示退兵，鳴鐃，暫且收兵，到表幟的地方停下，像以前一樣坐下。接著進行冬季田獵，立旌作為左右軍門，各級長官率領他們屬下的車兵步兵依序出軍門，一部分出軍門列在左側，一部分列在右側，由鄉師指揮出入的行列。每百人之間立旗劃分營地，前後分別屯駐車輛和步卒，相距一百步，由鄉師巡行營陣的前後。如果是險要的地形，就把步兵安排在陣前，如果是平坦地形，就把兵車排列在陣前。陣勢布好，就指派驅趕禽獸的車子，主管的官員在陣前舉行軍祭。中軍將擊鼙鼓下令，鼓人擊鼓三通，各司馬鳴鐸，車兵徒兵一起起立，於是擊鼓下令前進，步兵嘴裏叼小棍而向前，捕獲大型獸就要繳給公家，如果捕獲小獸就可收為己有，捕得的人可以割下獵物的左耳，以此計算成績。前進到獵場盡頭，鼓聲大作，所有兵員大呼勝利，於是停止田獵，集聚獵獲的禽獸祭郊中的四方神。回到國中，又以獵物祭享宗廟。

及師、大合軍，以行禁令，以救無辜、伐有罪。若大師，則掌其戒令，涖大卜，帥執事涖釁主及軍器。及致，建大常，比軍眾，誅後至者。及戰，巡陳，眡事而賞罰。若師有功，則左執律，右秉鉞，以先，愷樂獻于社。若師不功，則厭而奉主車。王弔勞士庶子，則相。大役，與慮事，屬其植，受其要，以待考而賞誅。大會同，則帥士庶子，而掌其政令。若大射，則合諸侯之六耦。大祭祀，饗食，羞牲魚，授其祭。大喪，平士大夫。喪祭，奉詔馬牲。

【語 譯】

凡有事調集軍隊，大會師，大司馬負責執行禁令，以拯救無辜，征伐有罪的人。如果是王親征討伐，就掌管軍中的禁令，親自卜問出兵吉凶，率領各執事官員親自以牲血塗廟社的神主牌及軍器。召集動員時，立大常旗，核計軍眾人數，誅殺遲到的人。作戰的時侯，巡視陣中，依戰功進行賞罰。如果出師得勝，就左手拿銅律，右手拿鉞，作軍樂的前導，獻功於社。如果出師不利，就穿喪服，送神主牌歸廟與社，王親弔死傷的貴族子弟，則在旁擔任司儀。築城的大工程進行時，參與工程規劃，核算工程的用料、人數，審察帳簿，以考查功勞並進行賞罰。在大會同時，則率領貴族子弟隨從王，而掌管政令。在王主持的大射禮時，負責射禮中諸侯分六組進行射禮的配對。在大祭祀時，大司馬饗食，負責進獻魚牲，授給尸或賓來祭祀。在王、后或世子的喪禮時，督導士大夫的職事和應立的位置。在王喪時，送祭祀用的馬牲到墓地，祝告而置於墓穴中。

《史記・司馬穰苴列傳》

司馬穰苴者，田完之苗裔也。齊景公時，晉伐阿、甄，而燕侵河上，齊師敗績。景公患之。晏嬰乃薦田穰苴曰：「穰苴雖田氏庶孽，然其人文能附眾，武能威敵，願君試之。」景公召穰苴，與語兵事，大說之，以為將軍，將兵扞燕晉之師。穰苴曰：「臣素卑賤，君擢之閭伍之中，加之大夫之上，士卒未附，百姓不信，人微權輕，願得君之寵臣，國之所尊，以監軍，乃可。」於是景公許之，使莊賈往。

【語譯】

司馬穰苴，是田完的後代。齊景公的時候，晉國攻打齊國的阿、甄兩邑，而燕國進兵到黃河邊，齊國的軍隊打了敗仗。景公很擔心。晏嬰於是向景公推薦田穰苴，說：「穰苴雖然是田氏沒有繼承爵位的後代，但這個人在文的方面能夠得到眾人的擁戴，武的方面能震懾敵人，希望君主能試用他。」景公召見了穰苴，與他談論軍事，非常滿意，就任用他做將軍，率領軍隊抵抗燕、晉的軍隊。穰苴說：「我一向地位低下，承蒙君主將我由平民中提拔，官位還高過大夫，恐怕士兵一時還不擁戴，百姓也不信任，希望能有君主的親信大臣，一向為舉國所尊重的，擔任監察軍隊的工作，這樣才行得通。」景公也就答應了，派遣莊賈就任。

穰苴既辭，與莊賈約曰：「旦日日中會於軍門。」穰苴先馳至軍，立表下漏待賈。賈素驕貴，以為將己之軍而己為監，不甚急；親戚左右送之，留飲。日中而賈不至。穰苴則仆表決漏，入，行軍勒兵，申明約束。約束既定，夕時，莊賈乃至。穰苴曰：「何後期為？」賈謝曰：「不佞大夫親戚送之，故留。」穰苴曰：「將受命之日則忘其家，臨軍約束則忘其親，援枹鼓之急則忘其身。今敵國深侵，邦內騷動，士卒暴露於境，君寢不安席，食不甘味，百姓之命皆懸於君，何謂相送乎！」召軍正問曰：「軍法期而後至者云何？」對曰：「當斬。」莊賈懼，使人馳報景公，請救。既往，未及反，於是遂斬莊賈以徇三軍。三軍之士皆振慄。久之，景公遣使者持節赦賈，馳入軍中。穰苴曰：「將在軍，君令有所不受。」問軍正曰：「馳三軍法何？」正曰：「當斬。」使者大懼。穰苴曰：「君之使不可殺之。」乃斬其僕，車之左駙，馬之左驂，以徇三軍。遣使者還報，然後行。

【語譯】

穰苴退朝之後，和莊賈約定：「明日日中時在軍門會合。」穰苴先趕到軍中，安排好計時的表木和水漏，等莊賈來。莊賈一向傲慢架子大，認為率領本國軍隊而自己身為監軍，不把事情放在心上。親友為他餞行，挽留他飲酒。日中過了，而莊賈還沒到。穰苴於是放下表木，打開水漏，自行進入軍隊的營門，檢閱部隊，向士兵宣告軍紀規定。宣告完畢，到了黃昏，莊賈才到。穰苴問：「為什麼遲到？」莊賈陪罪說：「因為親友為我餞行，所以耽誤了。」穰苴說：「將領接到命令，就不顧自己的家庭，在軍隊接受軍紀，就不顧自己的親人，在戰場上提鼓指揮，就不顧自己生命的安危。現在敵國軍隊已經深入國境，國內人心惶惶，士兵在野外作戰，國君擔憂得睡不好，吃不下，百姓的生命都交在您的手裡，還有什麼好餞行的？」傳軍法官來問道：「依照軍法，沒有按照約定的時刻到達該當何罪？」回稟說：「應斬首。」莊賈怕了，派人趕快稟告景公，請他相救。派的人去了還不及回報，穰苴當場就斬了莊賈，遍示三軍。全軍的兵士都駭怕得發抖。過了好一陣子，景公才派遣使者拿了信物來赦免莊賈，使者的馬車馳入軍營。穰苴說：「將領在軍中，便宜行事，不必事事聽國君的命令。」問軍法官道：「在軍營內急馳馬車該當何罪？」軍法官回答：「應斬首。」使者也嚇壞了。穰苴說：「國君的使者是不能殺的。」於是斬了使者的僕人，拆了車箱左側的立木，砍了左邊拉車的馬，昭示三軍。派遣使者回稟國君，然後部隊開拔。

士卒次舍井竈飲食問疾醫藥，身自拊循之。悉取將軍之資糧享士卒，身與士卒平分糧食。最比其羸弱者，三日而後勒兵。病者皆求行，爭奮出為之赴戰。晉師聞之，為罷去。燕師聞之，度水而解。於是追擊之，遂取所亡封內故境而引兵歸。未至國，釋兵旅，解約束，誓盟而後入邑。景公與諸大夫郊迎，勞師成禮，然後反歸寢。既見穰苴，尊為大司馬。田氏日以益尊於齊。

【語譯】

士兵每逢夜宿安營，掘井立竈，疾病的探望，醫藥的提供，穰苴都親身參與，將軍的口糧用品，全分享給士兵，和士兵吃一樣的糧食。身體最虛弱的挑出來，三天後才開始實施訓練。連生病的都要求一齊跟軍隊走，人人爭著為他上戰場。晉國的軍隊聽了這消息，軍隊就撤了。燕國軍隊知道了，也渡過黃河回師。穰苴趁機追擊，於是奪回被占領的境內領土，率軍回朝。還沒有到國都，先解除動員武裝，停止軍法管制，宣誓立約後進入國都。景公率各大夫在城郊迎接，犒賞軍隊，完成禮儀，然後才回寢宮。接見了穰苴，尊奉為大司馬。田氏在齊國愈來愈受尊重。

已而大夫鮑氏、高、國之屬害之，譖於景公。景公退穰苴，苴發疾而死。田乞、田豹之徒由此怨高、國等。其後及田常殺簡公，盡滅高子、國子之族。至常曾孫和，因自立為齊威王，用兵行威，大放穰苴之法，而諸侯朝齊。

【語譯】

後來大夫鮑氏、貴族高、國兩氏等人忌憚穰苴，在景公面前進讒言，景公免了穰苴的官職，穰苴病發而死。田乞、田豹等人因此怨恨高、國兩氏的人。又後來田常殺了簡公，殺盡高子、國子的族人。到田常曾孫田和，接著自立為齊威王，他用兵震動天下，都是根據穰苴的兵法，各國國君都尊齊國為領袖。

齊威王使大夫追論古者司馬兵法而附穰苴於其中，因號曰司馬穰苴兵法。

【語譯】

齊威王指派大夫收錄古代的司馬兵法，而把穰苴的作品也編在一起，所以題名為司馬穰苴兵法。

太史公曰：余讀司馬兵法，閎廓深遠，雖三代征伐，未能竟其義，如其文也，亦少褒矣。若夫穰苴，區區為小國行師，何暇及司馬兵法之揖讓乎？世既多司馬兵法，以故不論，著穰苴之列傳焉。

【語　譯】

太史公云：我讀司馬兵法，規模宏大，境界深遠，即使是夏商周三代用兵征討，也沒有能夠達到它所記述的道義的，它的文字也不免有溢美的地方吧！至於穰苴，不過是為小小的齊國用兵，又那有功夫講究司馬兵法雍容的作風呢？司馬兵法既然廣傳於世，因此這兒也不必收錄，只記載穰苴的傳記。

《先秦諸子繫年‧司馬穰苴》

《史記》言齊人著兵法，尚有田穰苴。穰苴之事，昔人已辨之。

蘇子由《古史》曰：「太史公為司馬穰苴傳，世皆信之。余以《春秋左氏》考之，未有燕晉伐齊者也。而《戰國策》稱司馬穰苴執政者也，湣王殺之。意者穰苴嘗為湣王卻燕晉，而戰國雜說遂以為景公時耶？」葉水心《習學記言》曰：「左氏前後載齊事甚詳，使有穰苴，不應遺落。況伐阿鄄，侵河上，皆景公時所無。大司馬亦非齊官。蓋作書之人夸大其詞，而遷信之爾。」

余讀其文，疑亦田忌之誤傳也。故曰「穰苴者，田完之苗裔。」田忌為田氏，一似也。〈穰苴傳〉云：「晉伐阿甄，燕侵河上」，而田忌勝馬陵，《正義》引「虞喜《志林》曰：馬陵在濮州甄城縣東北六十里，有陵，澗谷深峻，可以置伏。」鄄甄為一地，二似也。其勝敵而歸也，「未至國，釋兵旅，解約束，誓盟而後入邑。」《史》稱田忌勝馬陵，孫臏勸之無解兵入齊，忌不聽，三似也。「已而大夫鮑氏高國之屬害之，譖之於景公，景公退穰苴」，與田忌之見搆於成侯，四似也。「齊威王用兵行法，大放穰苴之法，而諸侯朝齊」，此與田忌勝馬陵，而三晉之王皆因田嬰朝齊王於博望，見〈田敬仲世家〉。五似也。「齊威王使大夫追論古者《司馬兵法》，而附穰苴於其中，因號曰《司馬穰苴兵法》」，與田忌之時正合。若穰苴為景公時人，則與《司馬兵法》同為追論，而威王又何為捨其本朝之近臣，而遠論景公時之一將？此六似也。穰苴殺齊王之寵臣，與孫武殺吳王之寵姬，事極相類。孫武既為孫臏之誤傳，則穰苴為田忌之誤傳，理亦有之。七似也。故知史公之言穰苴，皆自田忌而誤也。然何以誤及於春秋時之景公？曰：馬陵之戰，田忌與田嬰同將。見〈田齊世家〉，及〈孟嘗君列傳〉。田嬰者，孟嘗君田文之父靖郭君也。或者《司馬兵法》言及晏子，而史公不深曉，遂誤以為晏嬰，故設為晏嬰薦之齊景公歟。《晏子春秋・內篇第五》，及《說苑・正諫》篇，亦有穰苴諫景公事，然二書益多謬誤，不足據。然則史公又何以誤及於湣王時之穰苴？曰：其書或本出於司馬穰苴之徒，故曰《司馬穰苴兵法》。史公以湣王敗亡之君，不知穰苴之為湣王將，因上移其人於景公時，而又誤涉田忌之事以為說也。其書又稱《司馬兵法》者？惠士奇《禮說》云：「司馬穰苴兵法，因號《司馬法》。《戰國策》，齊閔王時，司馬穰苴為政，閔王殺之，大臣不親，則穰苴乃閔王之將。以故齊南破楚，西屈秦，用韓魏燕趙之眾猶鞭策者，蓋穰苴之力居多。及穰苴死，而閔王亡矣。」此以《司馬法》為穰苴書也。余考〈趙策〉有云：「將非田單司馬之慮也」，司馬正指穰苴。其為知兵，信矣。然則穰苴實有其人，其人實有兵法之書，史公特誤其時，又誤其事耳。

古籍今注新譯叢書書目

中國人的第一次——

絕無僅有的知識豐收、視覺享受

集兩岸學者智慧菁華

推陳出新　字字珠璣　案頭最佳讀物

【哲學類】

書名	注譯	校閱
新譯尹文子	徐忠良	黃俊郎
新譯淮南子	熊禮匯	侯迺慧
新譯潛夫論	彭丙成	陳滿銘

書名	注譯	校閱
新譯鄧析子	徐忠良	
新譯韓非子	賴炎元	
	傅武光	
新譯尸子讀本	水渭松	

書名	注譯	校閱
新譯四書讀本	謝冰瑩 邱燮友 李　鍌 劉正浩 賴炎元 陳滿銘	
新譯申鑒讀本	林家驪 周明初	周鳳五
新譯老子讀本	余培林	
新譯列子讀本	莊萬壽	
新譯孝經讀本	賴炎元 黃俊郎	
新譯易經讀本	郭建勳	黃俊郎
新譯荀子讀本	王忠林	
新譯莊子讀本	黃錦鋐	
新譯新書讀本	饒東原	黃沛榮

書名	注譯	校閱
新譯新語讀本	王　毅	黃俊郎
新譯管子讀本	湯孝純	李振興
新譯墨子讀本	李生龍	李振興
新譯論衡讀本	蔡鎮楚	周鳳五
新譯禮記讀本	姜義華	黃俊郎
新譯孔子家語	羊春秋	周鳳五
新譯公孫龍子	丁成泉	黃志民
新譯老子解義	吳　怡	
新譯呂氏春秋	朱永嘉 蕭　木	黃志民
新譯晏子春秋	陶梅生	
新譯明夷待訪錄	李廣柏	李振興

【文學類】

書名	注譯	校閱
新譯千家詩	邱燮友	
	劉正浩	
新譯搜神記	黃　鈞	陳滿銘
新譯薑齋集	平慧善	
新譯昭明文選	崔富章	劉正浩
	朱宏達	陳滿銘
	周啟成	沈秋雄
	張金泉	黃俊郎
	水渭松	黃志民
	伍方南	周鳳五
		高桂惠
新譯漢賦讀本	簡宗梧	
新譯楚辭讀本	傅錫王	
新譯人間詞話	馬白毅	高桂惠
新譯文心雕龍	羅立乾	李振興

書名	注譯	校閱
新譯世說新語	邱燮友	
	劉正浩	
	陳滿銘	
	許錟輝	
	黃俊郎	
新譯古文觀止	謝冰瑩	
	邱燮友	
	林明波	
	左松超	
	應裕康	
	黃俊郎	
	傅武光	
新譯江文通集	羅立乾	
新譯阮步兵集	林家驪	
新譯春秋繁露	姜昆武	
新譯曹子建集	曹海東	
新譯陸士衡集	王雲路	

書名	注譯	校閱
新譯陶淵明集	溫洪隆	
新譯陶庵夢憶	李廣柏	
新譯揚子雲集	葉幼明	
新譯嵇中散集	崔富章	
新譯賈長沙集	林家驪	陳滿銘
新譯橫渠文存	張金泉	
新譯顧亭林集	劉九洲	
新譯元曲三百首	賴橋本 林玫儀	
新譯宋詞三百首	汪　中	
新譯唐詩三百首	邱燮友	
新譯諸葛丞相集	盧烈紅	
新譯駱賓王文集	黃清泉	
新譯昌黎先生文集	周啟成 周維德	
新譯范文正公文集	王興華 沈松勤	

【歷史類】

書名	注譯	校閱
新譯列女傳	黃清泉	陳滿銘
新譯越絕書	劉建國	
新譯燕丹子	曹海東	李振興
新譯戰國策	溫洪隆	陳滿銘
新譯尚書讀本	吳　璵	
新譯國語讀本	易中天	侯迺慧
新譯新序讀本	葉幼明	黃沛榮
新譯說苑讀本	左松超	
新譯說苑讀本	羅少卿	周鳳五
新譯西京雜記	曹海東	李振興
新譯吳越春秋	黃仁生	李振興
新譯東萊博議	李振興 簡宗梧	

【軍事類】

書名	注譯	校閱
新譯司馬法	王雲路	
新譯尉繚子	張金泉	
新譯三略讀本	傅　傑	
新譯六韜讀本	鄔錫非	
新譯吳子讀本	王雲路	
新譯孫子讀本	吳仁傑	
新譯李衛公問對	鄔錫非	

【政事類】

書名	注譯	校閱
新譯商君書	貝遠辰	陳滿銘
新譯鹽鐵論	盧烈紅	黃志民
新譯貞觀政要	許道勳	陳滿銘

【地志類】

書名	注譯	校閱
新譯洛陽伽藍記	劉九洲	侯迺慧

【道教類】

書名	注釋	校閱
新譯列仙傳	姜　生	
新譯抱朴子	李中華	黃志民
新譯老子想爾注	顧寶田	
新譯周易參同契	劉國樑	
新譯黃帝陰符經	劉連朋	
新譯道門功課經	王　卡	
新譯養性延命錄	曾召南	
新譯冲虛至德真經	張松輝	

【教育類】

書名	注釋	校閱
新譯三字經	黃沛榮	
新譯幼學瓊林	馬自毅	陳滿銘
新譯顏氏家訓	李振興 黃沛榮 賴明德	

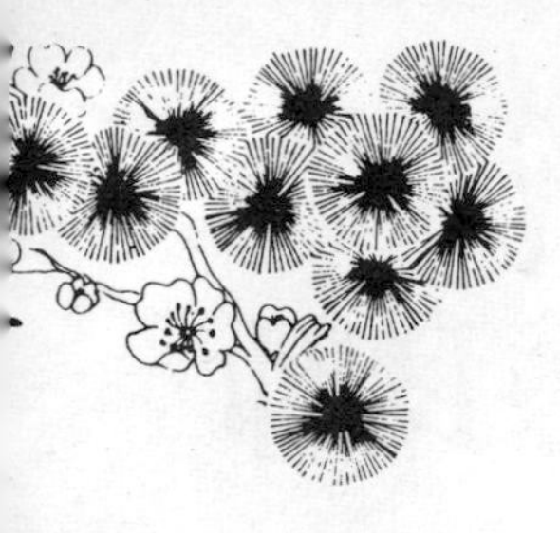